# ダムと民の五十年抗争

紀ノ川源流村取材記

浅野 詠子

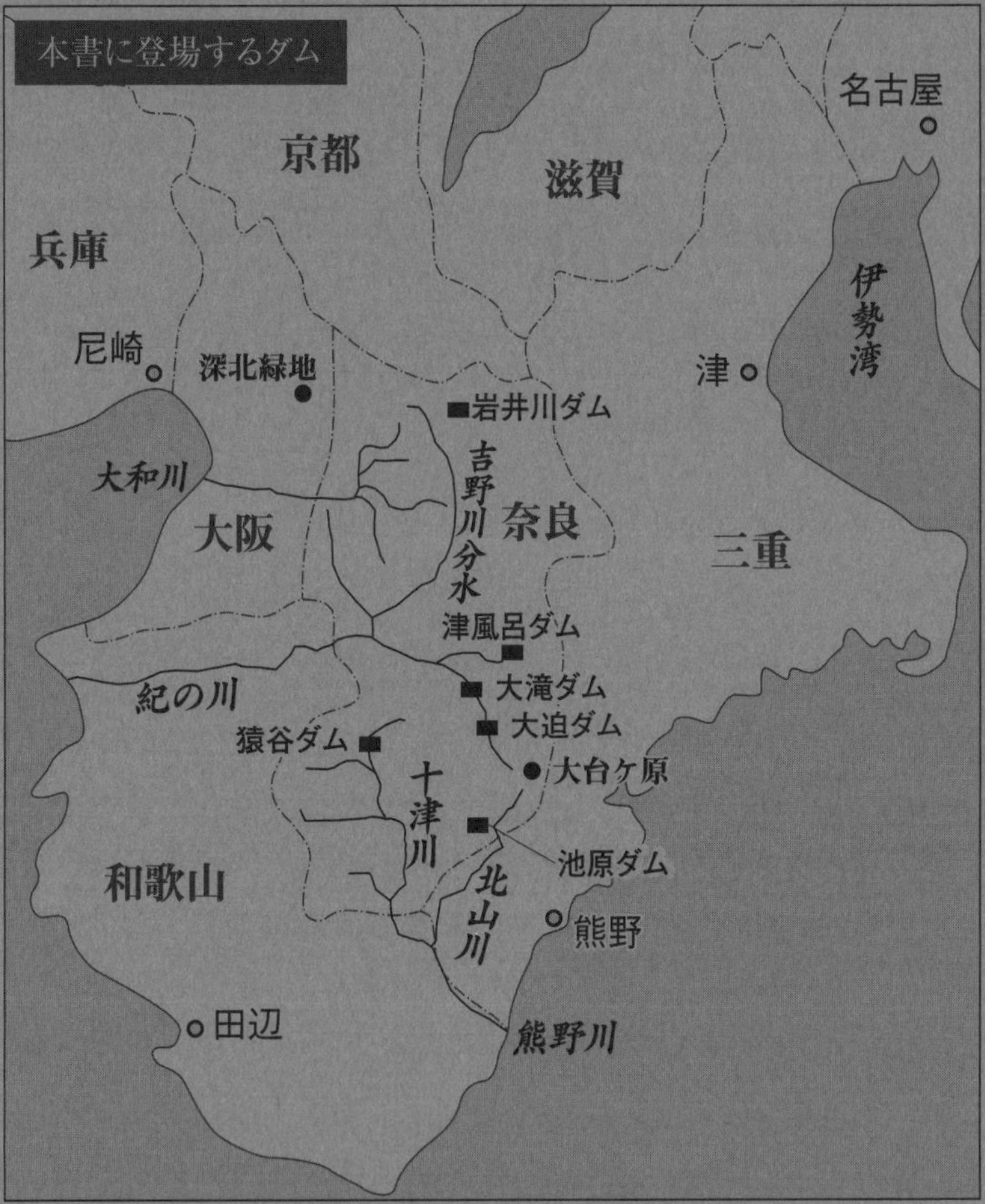
本書に登場するダム
京都
滋賀
名古屋
兵庫
伊勢湾
尼崎
深北緑地
津
岩井川ダム
吉野川分水
大和川
奈良
大阪
三重
津風呂ダム
大滝ダム
紀の川
大迫ダム
猿谷ダム
大台ケ原
十津川
池原ダム
和歌山
北山川
熊野
田辺
熊野川

# ダムと民の五十年抗争

紀ノ川源流村取材記◉目次

はじめに　6
第1話　美林の里、川上村を訪ねて　8
第2話　地すべり　32
第3話　国交省敗訴　50
第4話　釣りざおの賠償請求　71
第5話　異　変　87

第6話　**ダム後遺症**　116
第7話　**手切れ金**　142
第8話　**大和豊年**　170
第9話　**温故知新**　200
主要参考文献　226
あとがき　227

# はじめに

「東の八ッ場《やんば》、西の大滝」——。そう呼ばれるほど、日本の東西二つの巨大治水ダムの建設をめぐっては、住民が激しく対峙した。

西の大滝ダムの事業は、半世紀を費やして、二〇一三年、紀の川上流の奈良県吉野郡川上村についに完成した。

万葉ゆかりの山峡に陣取る構造物に向き合わざるを得なかった人々の来し方、そして今を追った。

昔は激しい反対運動もあったが、村はいま、コンクリートのダムとの共生、という模範解答をかかげている。何もかも水に流し、遺恨や悲哀をも湖底に沈めたいのだ。

村に残る人たちは「放っておいてくれ」、「話したくない」と言う人が多い。

だからといって官製の記録しか残らないでよいものかどうか。国が大滝ダムに投じた金は、三千六百四十億円。ダムとしては破格の数字にまで積み上がった。

山村史の空白、省略を埋めていこうというのが本書の狙いである。

あまりに長い事業だったので、かなりの関係者が離村、他界しており、大滝ダムを書くのは難しいと、地元では言われてきた。

しかし、ダムは過ぎ去った問題ではなかった。完成寸前と目されていた二〇〇三年、試験湛水中に地すべりが発生した。

離村の記憶が薄れていくなかで、突如、発生した地すべりは、ふるさとが国策によって消えるということは、どのようなことなのか、よみがえらせる。集落がなくなっていくようす、人々の哀切を徹底取材し、再現することができた。

次のようなこともわかった。

水没し、補償を得て建てられた新築の住宅は、豪華だ、立派だと、奇異な目で見られがちである。地すべりのため、国に賠償を求めて裁判に挑んだ村人たちは、「金ほしさかい?」とからかいの対象になってしまう。

紀の川源流吉野川の流域を歩いて得られたのは、理不尽な話ばかりではなかった。本書に登場する人間は、たんにダムの犠牲者ばかりではない。沈めば浮力という作用があるように、地域資源にみがきをかけようとする人々がいる。

本書は山村のあしたと、日本のこれからの治水や水資源開発を探るうえで、有効な材料となり得るものを、提供したいと努めた。なお、敬称は略し、年齢と肩書きは取材当時のものとした。

# 第１話　美林の里、川上村を訪ねて

集落が消えた。

奈良県吉野郡川上村の白屋《しらや》地区は、防災を掲げる巨大ダムが引き起こした地すべりによって全三十七世帯が離散し、家々はあとかたもない。高く積まれた民家の石垣だけが、あちらこちらに取り残された。この土地の美観をなしていた。

えん堤は四キロほど下流に切り立ち、そこの地名を冠して、大滝ダムと言う。

国が半世紀という、とてつもなく長い工期をかけ、巨額な公費を投じて二〇一三年、紀の川上流の吉野川に完成した。

音に聞こえた清流であった。

とうに水没した三百九十九世帯の集落があったところは、長大な人造湖の底に眠っている。よほどの異変が起きて貯水池が干上がったりしない限り、面影はよくわからない。

それにひきかえ、ここは往時の暮らしをしのぶ石垣が山腹にへばりついている。

白屋地区は、ムラとして千年とも八百年とも言われる歴史があった。忽然と人煙の絶えた土地で、もはや無用となった防火水槽が空しく水を貯めている。近づくとポチャンと魚のはねる音がした。目を凝らすと、二十センチぐらいの二匹の影がすうっと水底へ消えていった。出身者の話では、ボウフラがわくので昔コイを放したことがあるという。

消えた白屋集落。手水鉢がぽつりと置き去りになっていた。ダム湖の対岸は人知地区

国土交通省の大滝ダム本体のコンクリート打設がついに完了したのは二〇〇二年八月のことで、威容をあらわす。

甲子園球場をマスにたとえるなら百四十杯分の水を貯め、村の中心部をすっぽりと沈める。水没する世帯だけでなく、工事関連の移転を含めると、立ち退きとなった総数は四百七十五世帯を数える。

そのとき完成まぢかであることは誰しも疑わない。何十年にもわたり、工事車両の往来に甘んじてきた村民にしてみると、これで一段落なのかという思いが込み上げる。

とうの昔に、村政は建設省と折り合いをつけたはずで、ダム推進のパートナーに転じている。完成式典の会場準備などを手抜かりなく進めることが気にかかってきた。

ところが翌年、試験湛水中に白屋地区の地面に亀裂が走る。

人々を待っていたのは、むさくるしい仮設住宅だった。元区長の福田寿徳（一九二九年生まれ）は言う。

「地べたの裂け目は何とも気味の悪いものやった。それでも『ここを離れとうない』と仮設住宅に行くのをためらったお宅が五軒ほどありましたかなぁ。最後はみんなで出ていきました」

明治生まれの父、儀一郎は第二次世界大戦中、ニューギニアで戦死している。父子二代にわたり、国家の策によって郷里から引き離されたことになる。

地すべりの騒動から二十二年間をさかのぼる。

あれは一九八一年八月のことであった。当時、区長をしていた福田は、当地区のダム対策委員長・井阪勘四郎（一九二八年生まれ）との連名により、大滝ダム工事事務所の所長あてに、要望書を提出していた。

そこにはこうある。

「ダム湛水の影響による地すべり防止に必要な一切の地盤変状の長期観測および対策工を施工

すること」

白屋地区は昔から地下水がわき出て、地盤がゆるいと言われてきた。まして家々は急峻な地形にへばりつくように建っている。だが、のれんに腕押しだった。

住民たちは大滝ダムの建設計画が浮上して以来、区をあげて反対した。地すべりが発生する可能性を早くから訴え、安全な場所へ区民みんなで避難することを要求してきたのだ。

二〇一六年という年は、最後の区長、井阪たちが村外の奈良県橿原《かしはら》市に移転して十年目の正月にあたる。井阪はいまも白屋にいる夢ばかり見るという。

「石垣の家々が昔のように立ち並んでおるのや…。はっと目が覚めて、あぁここは、かしはらや…」

伊勢湾台風をきっかけとして、建設省は洪水対策の大義をかかげた大滝ダムの建設に血道をあげる。事業のはじまりは公式には一九六二年とされる。いわゆる「実施計画」なるものの策定を同省が着手した年である。

七十年代に入り、区長の福田、ダム対策委員長だった竹垣周三、そして、白屋地区の対岸にある人知《ひとじ》地区の松村輝夫区長らは思案していた。

誰か研究者に協力を求め、自分たちの土地の特性などをくわしく調査してもらおうと考えをめぐらしていたのだった。

ある学者に宛てた依頼書の写しが残る。達筆な毛筆でしたためられている。

受取人は、公害や農学などが専門の吉岡金市博士（一九〇二―一九八六）であった。博士はただちに熱心な現地調査に乗り出し、七四年には報告書『奈良県川上村大滝ダムに関する調査研究：白屋地区の大滝ダム建設に伴う地すべりを中心として』をまとめている。

吉岡博士は、家屋が継続的に一定方向に傾いていることなどを綿密に調査し、その傾きが日々、ひどくなっていることを発見した。後ほどくわしく紹介するが、柱や縁側などの傾き、敷居の下がり具合などを記録している。柱などが傾き、補修しても、十年ほどして再び、同じようなことが起きていた民家があることもつかんでいた。

家が沈んでいる――。

このまま大滝ダムの建設を進めれば、地すべりが拡大する危険を吉岡は訴えていた。建設省は耳を傾けず、従来の対策工事で安全性を確保できるとの態度を崩さなかった。

果たして、三十年余りの空白を経て、危険な兆候があらわれる。

ダムの完成を目前にした試験湛水中、白屋地区は地面の亀裂騒動に見舞われる。人々は約十キロ上流部の北和田という土地にある廃校舎のグラウンドの仮設住宅に移された。三年半を越す不自由な暮らしを余儀なくされる。当初、大滝ダム工事事務所長から「仮設の生活は三カ月ぐらい」と言われたという。

仮設の暮らしがつづくうち、福田は「もう村を離れよう」と思うようになった。

村に残るにしても、出て行くにしても、当然のことながら、国の補償を得ることになる。村にとどまり、新築の屋敷に住むことはできた。そこは大滝ダムの骨材生産施設跡地に行政が造成した土地であり、すぐそばにダムのえん堤がふんぞり返っている。

福田はどうも気が進まなかった。同じ川上村には違いないのだが、住み慣れ、歴史を蓄積した白屋地区とはあまりにも違いすぎる。高齢の身となり、妻にも先立たれた。同じ吉野川流域の下流の町、大淀町にあるニュータウンに新天地を求めることになった。

先祖代々の墓は、廃墟同然となった郷里に置いたままである。

川上村は、そう遠くない時代まで、土葬のしきたりがあった。

それが廃されたのは、昭和五十年代、近隣の吉野町、東吉野村と共に、一部事務組合の火葬場を共同運営するようになってからである。それまでは、野辺の送りと呼んで、仏さんの棺を輿《こし》に乗せ、白装束の男たちが墓地まで担いだ。

白屋地区は、埋め墓と拝み墓が同じところにあった。

「いつもご先祖様といっしょのような気がした」と、旧区民の一人は回想する。

共同墓地は、地区の西の方角にあり、古くから西峰と呼ばれている。寛永十三（一六三六）年の墓標が残る。

もはや戻ることはできないが、せめて自分の骨だけはここに帰っていきたいと話す人もいる。地すべりが発生した渦中、「ここを離れとうない」と、仮設への移転を拒んだ五世帯の思いのなかには、遠祖の眠る土地から引き離されてしまう哀惜の念があったのだろうか。

墓のあたりは野生の鹿がよく出没する。

菊の花などを手向けると、餓鬼のごとくむしゃむしゃとたちまちのうちに食い荒らされてしまう。

墓を動かすのは気が引けると福田は言う。

いまでは町の暮らしに慣れてきた。家の近くに商店があって、買い物をするのにも便利だ。近鉄の駅にも歩いてゆける。娘や孫たちもよく訪ねて来てくれる。

「ムラの暮らしに戻るなど、考えられまへんな」

市街地の家々に溶け込み、誰も知らない土地で独り暮らしていれば、あんな陰口を聞かれることもない。

水没御殿——。

「そんな言い方ってあるかい。まぁ意地の悪い口ぶりやったなぁ」

前田武志元代議士の秘書を昔していたという男性は憤っていた。吉野方面を観光していた団体のバスが川上村の新しい中心部を通過中、ガイド役の女性がおちゃらけてこう言い放ったというのだ。

「え〜みなさま、左に見えますのが水没御殿でございまぁす」

まるでダム成金とでも言わんばかりの見下げた言い草である。

補償で建てた住宅が立派であればあるほど、奇異な視線が注がれる。

同じ吉野川の少し上流に、大迫《おおさこ》ダムという農林水産省のかんがいダムがあり、水没した人々の新居が村内に建築されるようすについて新聞記事は次のように伝える。

新集落には、四月からロッジ風の家や、鉄筋コンクリートの豪華な家など一三戸と入之波公民館が次々と建てられている。静かな山あいに連日、つち音がこだましている。

（一九七一年十月十三日付『朝日新聞』）

記事に悪気はないだろうが、「豪華な」という形容は正確とは言えない。というのも、昭和四十年代も後半になると、鉄筋二階建ての家を建てるのが、中間層などの間でちょっとしたはやりとなり、首都圏でも見られた。補償を得て建てられた新築について、豪華と評しても、本当のほめ言葉にはならない。

川上村の人々によっては、「ダムに沈む村」、「巨大開発の犠牲者」などと、単純にくくられることを好まない。このたびの取材中、「ダムのことは話したくない」と、聞き取りを断られることは度々であった。

村役場を退職した人々の口もなかなか堅かった。突破口として、隣り村で職員労組の活動をしていた私の知人に頼み、川上村の元吏員を二人紹介してもらった。

いずれも取材を断られた。うち一人は「ダムのことなら、あなたの方がよく知っているでしょう」などと、まったく見当違いの断り文句を言われ、聞き取りに応じてもらえなかった。もう一人は、ほどなく病没してしまった。

再び、話してくれそうな人はいないか探し歩いた。

五十代の男性村民は言う。この人は水没を免れており、土建業者でもない。したがって、ダムによる損得は直接、被っていない人の一意見である。

「私どもの村はダムで犠牲になったとは思っていません。水没させられることによって新築の家屋が一気に建ったわけです。水没を免れた土地では、古い木造の朽ちかけたような家々をよく見かけます。修繕するにもお金が要るし、ままならないので『子どものところへ出ていこうか』と離村を促す原因にもなる。『うちの古家まいったなあ〜』という声はほんま、よう聞きまっせ」

そうは言っても、ダム完成までの半世紀の星霜、口には出せない苦しい思いがあったのではないか。

この男性と同じく、水没を免れた五十代の主婦に聞いた。ダム建設によるマイナス面ばかり見ないでほしいと言わんばかりに、次のように話した。

「きれいな水を貯めてくれてありがとうって、奈良盆地の人がこんなふうに感謝してくれたんや。地方紙の投稿欄に出ていたんよ。もう、うれしくてうれしくて、こっちこそ感謝したくなります」

村に残ろうとする者は、すこしはダムのよいところを自分から探しにいかない限り、やっていられないのだろう。

「きれいな水」というのは、飲み水のことを指している。治水の目的に加え、都市用水の確保と発電の機能を備えた多目的ダムとして大滝ダムの基本計画が策定されたのは、事業着手後十年の一九七二年のことである。ただ多目的ダムと言っても主たる目的は洪水調節であって、存在する限り、水位の上昇と下降を繰り返す。

もとはといえば「ダム建設、絶対反対」の村であった。地元民が糞尿をまいてダムのボーリング調査に抗議したこともある。当時、中学三年だった村消防団長、栗山秀夫は軽トラックの助手席にいて通りかかり「開けた窓から強烈な臭いが飛び込んできた」と回想する。

地元の奈良県知事、奥田良三は村民とは真逆の反応を示す。国に対し、いち早く新法、特定多目的ダム法にのっとったダムを紀の川上流に建設してくれと訴えていたのだ。

当時の記録を読むため、県庁に情報公開請求をした。地方自治の根幹にかかわる話である。しかしＢ４一枚の、手書きのメモ書き程度のものしか残っていなかった。

これによると、一九六〇年十月十五日、知事は建設大臣に対し「吉野川洪水調節ダムの早期実施」を要望している。この日は大阪府内で「一日建設省」なる行事があり、その場で知事はダム建設を求めたのだった。

その年の四月、建設省は、大滝ダムの予備調査を開始している。

予備調査というのはすなわち、工事の難易を判定し、ダム建設の可能性を判断するための調査である。

晩秋は、古老にとっては神迎えの季節にあたる。

出雲に出掛けていた神々が川上村に帰ってくると言われる。伊勢湾台風の傷もいえぬうちに、知事がまさか村の中心部をすっぽりと沈ませるダムの旗振り役を買って出ようとは、村人のほとんど誰も気づかない。

三年後の六三年、村議会は大滝ダム反対の決議を行う。同じ年、水没者でつくるダム反対期成同盟が結成された。

翌年には、県と村で構成する「川上村地域開発協議会」なるものが発足し、第一回の会号で村は、ダム調査の中止、計画の白紙を訴えている。

しかし、県が協議会を設置した狙いというのは、ダム建設の促進をおいてほかにない。その見返りとして、道路整備や観光開発などの実現を協議していこうという場であった。

したがって、協議会のはじまりが条件闘争の第一歩といえようと、村が刊行した『大迫ダム誌』は分析している。

それから二年もすると、村はダム調査の実施を認めた。建設省、県との間で覚書をかわしたのは一九六六年のことである。

三年後には、個人補償に向けた建設省の調査に対し、村が正式に認めている。

ならば村政の側にみじんも葛藤はなかったのかといえば、そうでもない。おいおい語っていきたい。

村と村議会は一九七一年、土地丈量調査といって、土地一筆ごとの測量調査が行われることに合意した。河川の敷地と道路の官民境界の確認などを、国や地権者らと共に行っている。

白屋区民はくいさがった。

図体の大きい治水ダムを建設する根拠となる基本高水は、「どうやって算出したのか、資料を示してほしい」と、区長の福田寿徳名で七三年、大滝ダム工事事務所長あてに文書で求めたのである。

下流の和歌山県岩出市船戸の地点において、百五十年に一度やって来る大洪水に備えたダムを造るという。ではなぜ、計画洪水流量は毎秒四千百立方メートル（後に五千四百立方メートルに変更）に設定したのか、このうち、毎秒二千七百立方メートルの洪水調整を行うダムを造る必然性はどこにあるのか、地元住民はなかなか腑に落ちない。

人々の教養が低いという意味ではない。むしろ白屋地区から村長、教育長、森林組合長などを輩出した。識者が多く住んでいた。

哀しいかな、情報公開法などができるのは、何十年も先の話である。この時代は、行政の内部で公の情報を独占することがまかり通っていたのだ。

白屋区民のもとに渡されたのは、一片の官報のコピーであった。大滝ダムの建設にまつわるごく基本的な事項を並べたものにすぎない。人々が求めた基本高水の算出事案をはじめ、堆砂のこと、地質構造などにまつわる基礎的な資料の公開には応じていない。

よらしむべし知らしむべからず。

得たいの知れぬ構造物が、地元の河川を占拠しようとしている。まるで街灯のない真っ暗な夜道を懐中電灯なしで歩くような気分がしたのである。

ダム建設のきっかけは、一九五九年の伊勢湾台風がもたらした大洪水である。

白屋の地すべりを調査した吉岡博士は、その報告書において、建設省の基本高水の欺瞞性について、次のように述べている。

とくにこのダムの前提になっている伊勢湾台風時の洪水は、川上村の至るところで崩壊と地すべりによって吉野川はせきとめられ、そのせきとめられた土砂礫がささえきれなくなって、鉄砲水的に流下したものであるから、清水でなく泥水が、とうとうとして流れたので、洪水痕跡も不規則であり、洪水量さえもマニングの公式（筆者注、流速に関する公式）で計出されるようなものではなかったのである。

平時における清水の物理学的性格はよくわかっていても、土砂礫を大量に含む洪水時の濁水の物理学的性質は「さっぱりわかっていない」と、吉岡は警鐘を鳴らしている。

誰も耳を貸さない。

もっとさかのぼる一九五三年九月のことである。

台風十三号が来襲し、川上村立入之波《しおのは》小学校が流出するなど、村は大きな被害に見舞われた。

このとき吉野川はなぜはんらんしたのか、その原因について、村発行の『大迫ダム誌』はこう断じている。

第二次世界大戦中の奥吉野山林の強制伐採と、未植林地の地すべりであった。

戦時下における物資の窮乏により、軍に大量の伐り出しを命じられ、丸裸となってしまった森林のうち、植林されずに放置されている箇所があった。これが地すべりを引き起こした。

その六年後に村を襲ったのが伊勢湾台風である。災害を拡大させたものは何だったのか、その原因について、同ダム誌は、こう分析している。

道路の改良や開設、大台ケ原観光事業などによる廃棄土の流入、地盤崩壊、地すべりにともなう立木の流出が大災害を招いたことを忘れていなかった。

このことから村は、台風の被害について、破壊力をもった未曽有の降雨量のことばかりに目を奪われていたのではない。複眼的な観察によって、災害の原因をとらえようとしていたことがわかる。

それでもダム建設は立ち止まることがない。

大滝ダムの本体の着工に同意する覚書が、村、県、国の三者の間で調印されたのは、一九八一年十月二十四日のことである。

スペースシャトル「コロンビア」が打ち上げに成功し、神戸市ポートピア81が開幕した年だ。そのころ、水没で立ち退く集落のための代替地の造成工事が村内の各地でうなり声を上げ、ダム建設はいよいよ現実味を帯びるようになってきた。

元村会議長、大西廣長（一九三七年生まれ）が国の補償をもとに建てた住まいは、豪邸と呼んでいささかの誇張もない。10LDKはあろうか。

元村職員によると大西は、水没者たちの生活再建一筋に人生をささげてきた、と言っても過言ではない。建設省との難しい交渉をねばり強く進めて人々の信頼を集め、選挙運動をする必要のない男と呼ばれたほどだ。

大西邸は表門の構えも重厚であり、都市住民らの意地悪な目を通して見ると、なるほど水没御殿である。村を貫く幹線、国道一六九号の前で堂々と黒光りしている。

大滝ダムの完成式典では、ダム事業に貢献をした一人として、太田昭宏国交相が感謝状を用意していたが、会場に本人の姿はなかった。同じ水没地の区民同士で村長の栗山忠昭によると、大西の病は重く、直接取材をするのは難しいだろうと話す。

元村職員は言う。

「大西さんは、水没者に対する建設省の態度を不服として、官庁の門前で一週間も座り込んで『上に合わせろ』と毎夜を明かした。下筌ダムの反対闘争に挑んだ室原知幸（熊本県小国町議）を連想させます。竣工式をいくら盛大に執り行ったところで、大西さんにとってダム闘争は終わっていないと思います。これからですよ、村づくりは……」

ダム完成式典に顔を出し、国に対し何か言いたかった人はまだいるだろう。何しろ、半端な歳月ではない。大西の病状は、長く続いた闘争や補償交渉による心労とまったく関係がないと言い切れるか。

絶対反対と叫び、いつのまにか条件闘争になる。（『広報かわかみ』一九七七年十一月号より）

村の広報紙がダム問題を特集した号のなかに、こんな解説があった。書いた吏員は、村が条件闘争に転じた数年前を振り返っている。

竹を割ったように、このときから、とは言えない。大滝ダム建設の見返りに、村の開発を応援するというアメとムチのような協議会が設置された一九六四年を条件闘争の開始とすれば、日本一、二の長い交渉話がはじまろうとしていた。

試験湛水中に発生した白屋地区の地すべりにより、橿原市石川町に逃れてきた人々は区長の井阪ら十三世帯である。

林業、横谷圀晃（一九四一年生まれ）は、市民の一人が何げなく放った次の言葉が胸に突き刺さり、情けなくなった。

「いいですなぁ。国からたくさんの補償金もらったんでしょ?」

相手は冗談に言ったつもりでも、傷ついた。言い返せば喧嘩になる。のど元で怒りを抑えるのに懸命だった。

川上村のすぐ下流の吉野町では、こんなふうに冷笑した者もいる。

「地すべりが起きてくれて『これ幸い!』と山奥から出てこれたんやろう」

そんなに単純に割り切れるものではなかった。完成寸前だったダムが水を貯めたら、地盤の変状が発生し、たちまち郷里を追われてしまったのだ。どこに住めというのだ。ここ川上村は谷がたいそう深く、平地が極端に少ない。町内会のご近所といっしょにまとまって住めるような土地を探すことは容易ではない。まして吉野川の清流はつぶされてしまい、代わって大仕掛けなダムのえん堤が居丈高にそそり立つ。そのそばに移転者向けの造成地ができたが、十二世帯の選択に限られた。

いま住んでいる橿原市内の土地は、元は農地だったところで、区民の有志十三世帯が額を寄せ合って談義し、どうにかこうにか、二億四千五百円を借金し、造成した。

国交省は造成の金までは面倒をみていない。補償したのは、各自が住む土地、そして家を建てる費用などにすぎないのだ。

「補償とは、償いと書くんですわ。国の言うままの買い取りに過ぎません」

横谷はこう断じた。

脳裏には、同じ大滝ダムで水没を余技なくされた人々が生活再建をしていく姿が浮かび、複雑な心境に陥る。完成まで五十年もの年月をかけた浪費は、少しもほめられたものではないが、その分、水没者たちは、国と立ち退きの交渉をする時間は十二分にあった。「ずり上がり方式」と呼ばれ、集落ごとに高台に移転することができた。あるいは村を去り、便利な都会に住もうという選択肢もあれこれ熟慮することができた。

前に述べた元議長、大西の率いる町内会は、宮の平（川上村迫）と言い、造成地に十四戸の新集落ができたのは一九九八年のことである。他の水没地区の造成地と比べて、最も遅く出来上がった部類である。整備された国道の真ん前に新集落ができ上がり、近くに役所や診療所、図書館、お宮さん、バス停という好条件を得たのだった。

「水没によって行政が用意した造成地に移転した村民たちと比べると、地すべりで追われた我々の方が何倍も苦しい思いをしたはずだ。全国に大型ダムはあまたあれど、こういう仕打ちを国からされたのは、われわれだけでしょう」

償ってもらったとは思えないのである。買い取りという言葉に、無念な思いがにじむ。

横谷が住んでいた川上村白屋の家は、ダム試験湛水中に亀裂が入った民家の東隣りにあたる。横谷方は築百五十年。柱や梁には三百年の古材が用いられていた。瓦葺きの屋根をのせ、塀には、この地方特産の焼き杉の意匠を施していた。祖母が嫁いできたときに乗ってきた籠は天井に吊っていた。

樹齢百二十年を数える松の大樹と別れるのもしのびなかった。眺めていたら、無性に腹が立ってきた。

「この木を移転して下さいよ」と、国交省の役人にくってかかったこともある。

「横谷さん、むちゃ言わんといてください」とやんわり、かわされた。

本当にむちゃなことだったのかどうか。

早くから水没すると決まっていた土地が十二分に移転を検討する時間があったことを思うと、大切な庭木を丁寧に移植してやるくらいのことは、そう難しいことではなかったはずである。

あまりに急な取り壊しとなり、家を建ててくれた祖父にすまないという気持ちがこみあげ、横谷は胸がつかえた。解体される現場は見届けなかった。

こうして地すべりの亀裂騒動によって、全区民七十七人は立ち退いた。近畿地方整備局はこれに懲《こ》りて対策工事をやり直し、「鋼管杭工」百二十二本を打ち込んだ。

また、四十六万立方メートルの「押さえ盛土工」という工事をした。寺のそばの斜面にはアンカー工百六十九本を打ち込み、新たな一連の地すべり対策工事は、二〇〇九年に完了した。これにより、二百数十億円の公金が新たに要った。

試験湛水中の事故から六年後にあたる。

その年、横谷の一家は墓参のため、なつかしい白屋の共同墓地、通称・西峰へと向かった。いまは大阪に住んでいる次女もいっしょに来た。この娘は一九六七年、この白屋で生まれた。「家の方に行ってみるかい?」と横谷が尋ねると、「見たくない」と言って泣き出した。

「そうやろうなぁ。ここで生まれた娘と、桜井市から村に嫁いできた妻とでは、すこし違う感慨だったやろう。自分のふるさとがあんな姿になってしまっては……」

人家が忽然と消え、石垣だけが残された。

白屋地区の元区長、福田寿徳が移転した大淀町の住まいには、骨董品のような大きな火鉢が、玄関の上がりかまちのそばに鎮座している。直径五十センチはあろう。明治初年生まれの祖父の代のものだ。

村を立ち退く日、「お父ちゃん、ほかさんとこよ（捨てないでおこうよ）」と長女が言った。仮設住宅で暮らしていたときには、白屋の元の家に置いたままであった。

祖父が現役の時代、稼業の林業の屋号は「福〆《ふくしめ》」といった。福田〆松というその名前からとった。

夜間になると、門前のあたりで山林労働者たちがごったがえしていた。翌日の山の施業についての段取りをするためである。

「うれしかったですな、こういう忙繁期は。宿題せえ、勉強せえと、親たちがやかましく言う間もないほど忙しかったですから」

にぎやかな村だった。

「お祭のときなんかわなぁ、太鼓台が盛大に練り歩き、川向かいの迫《さこ》地区まで繰り出していったもんよ」

川上村は古くから独特な山守《やまもり》制度を貫き、全国に誇る優良材を産み出している。いわゆる資本と経営とが合理的に分かれ、おもに資本は村外地主が提供し、地域の有力者である山守たちが山林の経営を担った。歩合制のため、立派な木を育てる努力を川上村民はいとわなかったと言われる。

一九六〇年代、国内に住宅ブームが訪れ、木材の価格が高騰する。そして吉野林業は黄金時代を迎える。そんな地場産業の好調期に、水没家屋が西日本有数とささやかれる大滝ダムの計画が村ににじり寄ってきた。

福田方の庭に、物置小屋が建っている。家庭菜園の農具でも入っているのかと尋ねたら、そうではなかった。

林業のヘリコプター出材に使うワイヤー、鉈などの山仕事七つ道具が入っていた。

あれは八〇年代の終わりごろのこと。静けさを破って川上村の上空は、連日のように出材のヘリが飛ぶようになった。役場には騒音の苦情がたびたび舞い込むほどであった。すでに国内においては、外国産材の輸入量が国産材を上回り、厳しい時代を迎えていた。ヘリを駆使した出荷は、たとえコストがかかっても見合うほど、高品質の川上産材は当時、安定した強さを見せつけていた。

小屋にある道具の一つひとつに林業村の横顔がのぞく。

「いずれ孫たちが山に入って使いまっせ」と福田は言った。

日本三大人工美林のひとつに数えられる吉野林業地帯。巨大ダム貯水池のさらに上流域のそこかしこで、杉、ヒノキの大木が威容を保っている。

# 第2話　地すべり

完成をまぢかに控えたダムは、貯水の位置を上げたり、降ろしたりして、基礎となっている地盤に問題はないか、まわりの土地は安全かどうかを確かめる作業に入る。試験湛水と言う。国土交通省の大滝ダムが試験湛水を開始したのは二〇〇三年三月十七日のことであった。紀の川源流吉野川の大変容であり、次第に人造湖の様相をなしてくる。積年の工事に、一応の終止符が打たれるわけで、人々の口の端に色々な感慨が上ってくる。

「水が貯まってくりゃぁ、どんな眺めになるんかのぉ」

大滝ダム工事事務所の副所長、松田六男は、試験湛水を迎えようとする感慨を次のようにしたためている。ダム本体のコンクリート打設が九十六パーセントまで進んでいたころである。

ダムは試験湛水という難関をクリアしなければ完成とならないだけに、本当の安心は平成十四年秋にはじまる試験湛水が終了してからとなる。

（『土木技術』57巻3号、二〇〇二年三月）

事業の開始から四十一年。濃密すぎるほどのダムを取り巻く歴史にピリオドが打たれると、松田は綴っており、万感の思いを文字のなかに込めていた。

私は次の諺をふと連想した。

百里を行く者は九十里を半ばとす。

縄文の遺物さえ出土した由緒ある川上村を、字義通り、有志以来の変貌をさせる国家の大土木工事だ。ゴールの目前となれば、紀元前中国の故事がとくにふさわしい場面である。

ダムの本体工事が進む2000年ごろに撮影した。完成間近といわれていた。

異変が起きた。

試験湛水が開始されておよそ一カ月を経て、貯水池に半分ぐらいの水がたまり、貯水位はおよそ、河床から三十五メートル上昇し、さらに水位は上を目指そうとしていた矢先のことである。

大滝ダムのえん堤から上流約四キロの地点にある白屋地区において、地面や家の壁などに亀裂が発生していることを住民が見つけた。ダム工事事務所に通報がなされたのは四月二十五日である。最大で二十センチの亀裂が確認された。

地元の人の話では、最初に見つかった場所は、集落の南はしに近い奥田方の真西にある小道で、路面に亀裂が走っていた。次いで集落の南西にあたる畑地で亀裂現象が発見された。

川上村森林組合の組合長、南本泰男（一九四〇年生まれ）も白屋地区に住んでいた。南本は、被害の出た近所の家に立ち寄ったときの記憶をこう話す。

「屋敷が傾いたお宅に入った瞬間、まるで船酔いに襲われたような気分になり、食べたものを戻しそうになってしもうた。壁には亀裂が入っていた」

亀裂は次第に大きくなっていき、その箇所も増えていった。被害は七戸の住宅におよび、家が傾いたり、建具が動かなくなったりするなどの損害が出た。

後に、白屋区民が国を相手取り起こした国家賠償請求訴訟では、こんな証言がなされている。

夜寝ているとき、家が音を立ててきしみ、家ごとダムの底へ滑り落ちてしまうのではないかと心配で夜も眠れなくなっていた。

不気味な地盤変状の兆しが発見されてから一カ月ほどを経た五月、この季節としては珍しい台風が西日本に接近した。白屋地区の全世帯三十七戸は貴重品のみをもって着の身着のまま、川上村大滝、通称・大津古の大滝ダム建設作業員宿舎に一泊、緊急避難している。自主的な判断だったと言い、地すべりの恐怖の大きさがうかがわれる。

その夜、住民が一斉に去った白屋地区に、立ち入りを許された村の消防団員は驚愕した。こう回想する。

「ごっつい大きな車両が夜間照明を運び入れて、その規模たるや、なんか巨大な野外音楽ステージが一夜にして出現したような、こうこうとした光に圧倒された」

亀裂の入った地面などに豪雨がどう影響するか、国交省の関係者が警戒の調査に当たっていたとみられる。

翌年、ある絵本が村内で刊行された。

下流の洪水を防ぐため、身を挺して人造湖に化けた龍神様の美談が描かれている。

ダムがいよいよ完成というタイミングを見計らい、製作したのだろう。発行元は村の外郭団体になっている。絵本のストーリーによると、下流の住民がダム建設を要望したことになっている。

このたびの取材では、吉野川の治水ダム建設を、かなり早い段階で国に要望していたのは奈良県知事であることがわかった。県庁は山を越えた奈良盆地の奈良公園の一角にある。県都奈良市とも、北和《ほくわ》とも呼ばれる。一帯は県の人口が集中しているが、水系は異なり、したがって吉野川の洪水の被害は受けない。

伊勢湾台風が発生した昔、草の根の住民運動によって希求されたダムである、という記録はまだ出てこない。

絵本によると、川の水をせき止めてほしい、雨の降らないときは貯めた水を流してほしいという人々の思いが描かれる。下流の民衆の切なる願いを受けて建設されたダムのように書かれている。

絵本のあとがきには、下流の安全のため、ダムを受け入れざるを得なかった地元の思いが強調されている。国、県にすれば、ものわかりのいい村民ということになる。龍神様に見守られ、人々は山と水を守って暮らしています、そんなお話を刊行する理由は何だろう。長大な工事の終焉に当たって村当局は、何かのふんぎりをつけようとしたのか。

いまでこそ村役場は「コンクリートのダムとの共生」をかかげている。しかし、こうした優等生的なメッセージを発するに至るまでに、大きく省略されている現代史がある。追跡していきたい。

龍神様の絵本の刊行活動をよそに、ダムがもたらした亀裂現象の波紋は広がっていく。

早くから地すべりの危険を国に訴えてきた白屋区民の憤りは、たとえようもなかった。いまのいまになって、村民の一人は、国交省の職員だったという男性からこんな話を聞いた。

「大滝ダムの計画がはじまったとき、私はまだ建設省の下っ端の職員でした。ここは危ないのではないのか、もっと地すべり対策に力を入れてもよいのではと感じていました。でも上に対し、自分の意見を主張することができなかったのです」


大滝ダムの建設に伴う地すべりの影響について、前出の吉岡金市博士に白屋区民が調査を依頼したのが一九七三年の昔である。当時の吉岡の肩書は前・金沢経済大学学長であり、龍谷大学教授として公害の授業を担当している。

井阪勘四郎は、倉敷市祐安の吉岡宅へ出向き、調査を懇願した。

「学者というのは立派な家に住んでいるものとばかり思っていた。吉岡先生のお宅はずいぶん質素やったなぁ」

忘れ得ぬ一日であったと振り返る。地味な暮らしぶりがすぐに伝わってきたという。住民の頼みに「よしきた」と手弁当で乗り出していく老学者。そのヒューマニズム、正義感がありありと伝わってくる吉岡の著書に、『森近運平―大逆事件の最もいたましい犠牲者の思想と行動』という一冊がある。

本書は、森近ゆかりの写真を載せていて、巻頭のページに何枚か紹介している。このなかに、川上村大滝（旧大滝村）出身の土倉庄三郎（一八四〇～一九一七）に縁のある人物がいるのを私は見つけた。

集合写真（一九〇七年）の一隅に写っている景山英子である。女史が社会運動家として駈けだしのころ、土倉に学費などの金銭面で支援を受けていた。

土倉の偉業は、いまも川上村民の間で語り草である。あまたの人材を育て、板垣退助の渡航費用を工面し、自由民権運動のパトロンとも呼ばれた。吉野林業の育林方法を改革し、良材産出に絶大なる功績があった。造林は国富を増し、洪水の危険を防ぐと著述にある。


白屋区民を代表し、井阪が倉敷の吉岡宅の門をたたいて四年後のことである。

このとき建設省・大滝ダム工事事務所に用地第三係長として赴任してきた河田耕作は、川上村大滝に立つ土倉庄三郎の銅像を目にし、足がとまった。

村民の生活に、この人物は一体、どのような影響を及ぼしているのか、気になったという。当時の回想を小論『筋目と用地～大滝ダムでの地元交渉』（ダム建設功績者表彰受賞者メッセージ）に残している。

奈良県を代表する偉人と呼んで、いささかの誇張のない人物と判明するまでに、さして時間はかからなかったはずである。村人の精神的支柱たる土倉を知らずに、ダムの補償交渉は円滑にできまい。河田はそう考えた。用地屋の執念に触れるくだりだ。

ダムの用地担当者は、自分の職務をへりくだって用地屋と呼ぶことがある。

近代吉野林業の先駆者、土倉翁の像は川上村大滝に立つ。

当時、大滝ダム工事事務所には水没補償の交渉を担当する係は三班あった。用地屋たちは村の歴史や民俗について実によく調べている。

その熱心さはしかし、水没しない白屋地区の住民たちが、切に訴える地すべりの危険性に対してはどこか淡白であった。

思いつめ、倉敷までやってきた井阪の懇願を、吉岡金市はこころよく聞き入れた。

一年をかけ、吉岡は調査に精を出した。なした調査ノートは三十一冊に上る。同行した和田一雄・金沢経済大学助教授（農業経済学、故人）が記録したノートは三冊あり、二人の学者で計三十四冊の分量に積み上がった。

傾斜の激しい家々は地図に番号をふっていくと、①から⑬まで連なった。内訳は民家が十二軒のほか、古刹、玉龍寺の柱が南へ傾斜していることが確認された。

いらい三十年の歳月を経て、ダム試験湛水中の地盤変状などにより、七世帯の家屋の壁に亀裂ができるなどして被害が出た。

これら罹災家屋のうち、吉岡らが激しい傾きを記録していた家があり、当時の状況は主に次の通りである。

竹垣方　柱　tan a ＝0.025＝1.47°（南へ傾斜）
　　　　敷居　tan a ＝0.017＝1°（南へ下り）
奥田方　柱　tan a ＝0.013＝0.76°（南へ傾斜）
西村方　柱　tan a ＝0.0114＝0.67°（南へ傾斜）

吉岡らが調査した際、大西方は柱が激しく傾き、敷居の下がり具合も著しいことが確認されたが、試験湛水中の地すべりでは直接の実害は出ていない。しかし、東隣の北西方および西隣の泉川方の両隣は試験湛水中、壁に亀裂が入るなどの被害が出ている。

吉岡は次のように警告した。


大滝ダムの建設によって白屋地区の地すべりは拡大するという見方に至り、他の地区の水没世帯と同じように、安全なところに移転するよりほかはない。

(『奈良県川上村大滝ダムに関する研究：白屋地区の大滝ダム建設に伴う地すべりを中心として』)


吉岡金市が白屋地区で真っ先に着目したのは、土地台帳の地籍図に明記されている小字《こあざ》である。

かつての崩落を示す地名は「崩谷」、「坂下赤崩」、「ハゲ久保」、「ヌケ頭」など十八カ所もある。水と関係のある地名は「大舟」、「大井」、「赤井」、「高樋」など三十一カ所にのぼっていた。石灰と関係のある地名は「坂下石灰谷」、「白谷」など九カ所。水と崩壊地すべりの双方に関係のある地名は「水ハジキ」、「新田」、「菖蒲谷」、「井作り」など十五カ所にわたる。

村民は言う。

「昔の人はのぉ、わざわざ崩れとかハゲとか嫌な地名をつけ、警鐘を鳴らしたってこったな」

吉岡は、こう見ていた。

地名というのは、文字のない時代からの事実をよく反映している。（同）

詳細な現地調査を行い、傾斜の激しい家の分布図などがつくられた。伊勢湾台風のときに大量の水が吹き出し、下の畑を流した地点の小字は「桂」と言ったそうだ。カツラの木は水を好むのでその名がついたという。

吉岡らの動きを無視できなくなったのか、調査から二カ月後の七三年六月、専門家らでつくる奈良県地質調査委員会が設置された。

地質調査委員会は七八年十月、調査報告書において、白屋地区の地質は「潜在性の地すべり地である」と考えていた。さらにボーリング調査と横坑調査によって、深さ七十メートルまで風化した粘土を認めていた。

この指摘が、後に白屋区民が国を相手どり起こした裁判において、重要な証拠になっていく。

建設省は、こうした指摘を受けた後も、地下七十メートルの崩壊を想定した対策工事を行っていない。

同省が八一年、白屋地区に示した工法は、地下十メートルから二十メートルほどの崩壊を想定したものだった。

翌年の朝日新聞・奈良版に、当時、大学工学部の講師だった高田直俊の談話が出ている。地盤工学の若き研究者は、建設省の権威に少しもおもねっていない。

地すべり発生の最大原因である地下水、土中にしみ込む雨水、ダムの水をどのように排除するかの具体案が何もない。これを抜きにして対策工事をしても効果はなく、ヌカにクギだ。地すべりが起きないようにすることが第一。地面がすべり始めたら現在示されている対策工法などマッチ棒を折るようなもので、何の効果もない。

（一九八二年一月十日付朝日新聞奈良版の連載「再生への課題・ダムに沈む川上村（5）より）

河川行政は立ち止まらない。

「絶対に安全ですから」――。

国の工事担当者の放った言葉を白屋区民はじかに聞いている。

ダムが二〇〇三年に試験湛水を開始してほどなく、不気味な家鳴りを聞いた者がいる。地面の亀裂は徐々に大きくなっていく。

近畿地方整備局は水中カメラでダム湖を観察し、地すべり防災工事と称した往年の斜面保護工事箇所が破損しているのを確認している。

ことが起きて、ダム湖の水を抜くが、あらわれた斜面のコンクリートに、多数の破損箇所があった。

白屋地区の地すべり現場は、貯水池寄りの家屋や小道などに集中していた。その規模は、横幅が最大で三百メートルほど、縦およそ二百メートル、最大層圧が約七十メートルと国交省はみていた。

試験湛水が行われた年の暮れ、応用地質学者の中川要之助は地すべりの原因について「地質時代に豊中―柏原断層による山崩れによって生じた崩壊岩塊が再移動したと考えられる」とした論文を同志社大学の研究会で発表している。

全世帯の三十七軒、計七十七人が仮設住宅に移って一年ほど経ったときのことである。

区が求めていた全世帯の集団移転はできないと、国が通告してきた。時間的にも経費面でも困難との回答だったという。早くから水没することが決まっていた他の地区とは、対応がちがっていた。

人心ゆれ動くなか、区民の間でいがみ合いが起こるようになった。

これから皆でどこに住んだらよいのか、区民の間で意見がまとまらない。川上村は空が狭いとさえ言われる。V字谷の山峡に位置する。そう簡単に集団移転できる平地など、見つかるものではない。

白屋地区の美しい石垣は飾りではない。平地が限られているから、屋敷を建てるためにはまず、石を積み上げ、土台にしたのである。

ある者は、白屋地区のシンボルであるお宮さん、お寺さんをまず安全なところへ移転させ、それから皆でまとまって住まいを確保してはどうかと提案した。

いわれは古い。拝殿にある棟札によると、八幡神社は延宝三年（一六七五年）に二度目の再建をしている。祭祀組織は区民が交代で務め、神事は年間二十回近くを数えた。年中行事とは、まさにこのことを言うのかと思わせる。神主役の所作の厳格なことといったら、ある縁で居合わせた枚岡神社（東大阪市）のプロの神職を驚かせたほどだ。

お寺さんは曹洞宗の玉龍寺である。観音堂は、享和元（一八〇一）年の建築と伝わる。保存状態がきわめて良いことから、文化財の専門家が注目していた。寺の鐘が毎日、かなたの山並みにこだまし、平安の秘仏が鎮座していた。

よく拝んだ神仏を、確実に避難させることこそ先決事項だとする意見は、かなりの賛同を得たとみられる。しかし、そう簡単には適地が見あたらない。

向かいの地区の、と言っても仮設住宅の隣地ではなく、吉野川の対岸の土地、迫《さこ》地区の古社、丹生川上神社《にうかわかみ》に白屋のお宮さんを合祀してもらえないか、と人々が談義したこともある。そこは境内が水没し、社殿は一九九八年、高台の土地に移転している。

この案は実現しなかった。かりに、村内のどこかに心のよりどころの八幡さんが遷座していたら、区民相互の融和に、少しは力になったのだろうか。

団結がゆらぎ、国との個別交渉に応じようとする家があらわれた。

とうとう区は分裂状態になってしまった。

仮設住宅という臨時の土地で、区の役員を決める選挙が熾烈をきわめたこともある。移転先の候補地をめぐって意見が対立し、二つの派のようなものができてしまい、拮抗しながら争ったという。「〇〇さんには投票しないように」などの紙片が戸口に投げ入れられていたと話す人もいる。激しい選挙戦がうかがえる。

これほどの対立感情をかきたてたものは何だったのだろう。

集落があった当時、お宮さんの祭礼などは、夜中の零時までにぎにぎしく盆踊りに興じていた。ある人がふと、大正時代の出来事を連想した。

「まるで若木騒動の再来ですな。歴史は繰り返すというけれど……」

昔、区有林の活用方法をめぐって、白屋区民の間で意見が対立し、激しい分裂騒動が起きたことがある。子ども同士が遊ばなくなるなど、深刻な仲違いだったという。年輩の人なら、親や祖父母から聞いて知っているだろう。

『白屋区誌』によると、若木騒動というのはそんな出来事だった。

区誌を紐解いてみる。

一九一四（大正三）年、区有林に植えてあるクリの木を伐採し、鉄道の枕木の用材として売却し、跡地には桑の木を植えようという構想が区の総会で浮上した。話は具体化していき、作業の日雇い賃は区有財産から当時の金で六百円を支出しようということになった。現代の金にして六百万円ほどだろうか。

これに対し、区有林の桑園化に強く反対した十三人がおり、「十三人衆」と呼ばれた。

この十三人という数がみそである。

大滝ダムの地すべり騒動により、村に残る十二世帯のまとまり、橿原市に移転した十三世帯のまとまりが生じる。あとの十二世帯は子どものもとなどへ個々に村外に出ていった。

偶然とはいえ、世帯数の割れ方が昔日の分断にどこか似ている。

若木騒動においては、桑園化阻止派の賛同者が次第に増えていき、大正四年の総会の時点では、三十三人に勢力を増強していく。総会の出席者は四十七人いたが、桑園化反対派の三十三人は総会をボイコット。勢力が拮抗してきたことを物語る。

対立は三年越しとなり、区民の日常生活にも影響するようになってきた。ついに村長の山本久吉が調停に入り、解決をみたそうだ。桑園事業は中止になったが、景気の後退も背景にあるだろうと、区史は語る。

これを読むと、白屋地区は昔から、反対意見は反対と、きっぱり表明し、行動する者たちがいたことを思い知らされる。黒幕のような人がいるわけでもなく、周到な根回しで物事が決まっていくような土地ではなかったと感じられる。

それにしても、ダムの地すべりの取材中の私に、こうした昔話をあえて教えてくれた元白屋区民の胸中は、複雑であっただろう。割り切れない思いから、往年の地元の歴史を紐解いてみたのかもしれない。

コミュニティ分断の今昔といったところだ。

若木騒動の方は、区民の共有財産である森林をどう活用するかが争点であった。いまふうに言えば、地域振興策にまつわる賛成、反対の対立である。

理不尽なのは、現代の分断の方に決まっている。望まぬダム開発を押しつけられた末に、ものさびしい仮説住宅三十七戸のムラで、住民間の対立に火がつき、いやおうなく巻き込まれていく。

やがて、人々は散り散りになる。

集落の歴史は古い。大和郡山藩の藩札の原料になったという白い土を産した。寺には平安の木造地蔵菩薩が鎮座していた。八幡さんの世話役は年齢順に各世帯が務め、九月の放生会、十一月の霜月祭などを欠かさず営んできた。石垣が高く積まれた古民家の景観。歩いて楽しい旧街道がうねうねとあった。

国家の巨大ダムが貴重な山間集落の文化を消してしまった。

# 第3話　国交省敗訴

三年余にわたる仮設住宅の暮らしは、白屋区民にこたえた。すぐに村では次のような風聞が立つようになる。住まいの環境が著しく変わったので、認知症のようになったお年寄りがいると、うわさされたのだ。もっとも、当時はそうした疾患名はない。そのころ、ある取材で村に来ていた私は「ぼけてしまった老人がおる」という話を耳にしたのだった。

それから四年後の法廷では、以下の事実が明るみに出た。

知的障害のある女性、A子は、仮設住宅の段差でつまづいてしまい、いらい外出をこわがるようになって障害の程度が重くなってしまった。

法廷とは、白屋区民が二〇〇七年、大滝ダムの設置または管理に瑕疵があるとして、国に損害賠償を求めた訴訟である。A子の事案は、同居する親族が証言したのだ。

仮設住宅の段差をめぐっては、すでに阪神淡路大震災のときに、災害住宅の課題として浮上していた。東日本大震災の被災地においても、障害者にとっては使い勝手が悪いことを、奈良女子大学講師の室崎千重らが市民集会などで報告している。

白屋区民に何か落ち度があったわけではない。

国を相手に裁判に踏み切る前年、人々は五條簡易裁判所に駆け込み、調停の申し立てという行動に出ていた。

その訴えの中身は、「国は亀裂発生の原因と責任を明確にし、慰謝料を払うように」というものだった。

申し立てに加わったのは、全三十七世帯のうち、二十二世帯の計四十二人である。

国はにべもなく拒否し、木で鼻をくくったような回答が返ってきた。

これを不服とし、「われわれの誇りを取り戻そうではないか」と、十九世帯の二十七人が国賠訴訟に挑んだのだった。調停の申し立てに参加していた三世帯は、裁判に加わることをためらい、国と対決する運動から離脱した。

仮設住宅にはナメクジがうようよと出没した。

廃校舎（川上村北和田）の陰にあたる立地のため日照不足だったせいか、湿気を好むナメクジどもが畳の上を平気でのさばっていた。ふと深夜に目が覚めてみると、手や足にぴたりと寄り添われ、情けない思いをした人もいる。

一人から二人の世帯に割り当てられた仮設住宅は、二九・七三平方メートル。これは災害救助法に基づく応急仮設住宅のサイズである。その狭さは、健康な人にとっても無論、苦痛だった。

美林が広がる白屋地区の民家群のゆったりとした構えは、当の国交省が一番よく知っているはずである。なぜなら二〇〇七年、同省が行った白屋地区の文化財民俗調査報告書（委託先は元興寺文化財研究所）のなかに、それが如実にあらわれる。平面図を見るだけでも、独特な林隙《りんげき》集落が、長い時間をかけて培ってきた暮らしの奥ゆかしさがしのばれる。

仏壇の鎮座する奥座敷がある。和室には縁側がある。土間には煮炊きをする「くどさん」（かま）と煙出しがしつらえてある。奈良盆地の旧村では「おくどさん」と呼ぶが、ここでは「お」の字を省いて発声する。

それに重厚な土蔵がある。裏庭の便所は雪隠《せっちん》と呼ばれる。はるか文政五年（一八二二年）に建築された横谷旻方には、往年の商家の造りを物語る三畳の帳場があった。

長男の好則は、この家から村役場に通勤していた。

大滝ダム試験湛水中の地面の亀裂は、すなわち「人生の亀裂の始まりであった」と、朝日新聞の声欄に投稿している。公務員が実名を名乗り、国交省に正面から意見するのははばかれる風潮もあろう。横谷の投書は貴重な資料である。

二〇〇三年十月二十八日付『朝日新聞』

「地面のひびが心の亀裂招く」　地方公務員　横谷好則　（奈良県　四四歳）

今年5月から始まった突然の地面の亀裂。私たち奈良県川上村白屋地区住民の「人生の亀裂」の始まりだった。何百年と続いた集落が、大滝ダムという人造物によって壊されていく。自然の力に人間は勝つことができないことを知らされた瞬間である。

7月終わりに仮設住宅に移った。不自由な生活が続いているが、家もろとも命を落とす地滑りの恐怖からは解放された。

誰もが故郷に思いや愛着はある。しかし、最高の土木工学から「安全だから」と言われても、私は戻りたくない。いつまたひび割れが発生するかという恐怖に耐えられる自信はないのだ。

子どもたちは駅やデパート、映画館などでひびを見つけると、「ここ、大丈夫」と不安そうに聞いてくる。「大丈夫」と聞いてほっとする表情を見ると、恐怖感の大きさがうかがえ、可哀想で仕方がない。

この亀裂で人生設計が大きく変わろうとしている。10月に入って国土交通省は全戸永住移転を決断した。今度は、新天地を探さなければならない。あの恐怖、故郷を失う寂しさ、無念さは忘れられないだろう。

ましで、いま小学校の子どもたちの心には、もっと大きな亀裂が残っていくのだろう。

子どもたちが味わった恐怖感の大きさが手に取るように書かれている。可哀想で仕方がないと、不憫に思う親の気持ちがよく伝わってくる。

知事の荒井正吾が大滝ダムの地すべりについて、定例の記者会見で感想を述べたことがある。


国の不始末というわけではないのだけれども、地面がちょっと動いてくるので追加工事というこことになるわけですが、地元としては財政窮乏の折ですので、少ない方がいいという姿勢で、その理屈の範囲で折り合うように折衝していきたい。

（二〇〇七年五月十六日、奈良県庁ホームページより引用）


地面がちょっと動いてくる……と知事は言った。

地盤工学の専門家によると、家が二センチ傾いただけでも、人間の精神は不安定になり、落ち着いて暮らすことなど到底できないという。その恐怖に耐えて人が住めるのかどうか、裁判でも問われたわけである。

当時の知事の発言記録を読んでいくと、水と土を相手にする土木工事の性格から、試験湛水中に地すべりが起きたことは何ら批判するには当たらないという姿勢をもっている。すなわち、巨大ダム推進の強力なパートナーとしての立場がうかがえた。

地すべり対策工事の追加により、大滝ダムに対する奈良県の負担金がまた増えていく。いわば県民の負担である。知事はこの日の会見において、国の事業に理解を示していたことが、記者会見の記録から読み取れる。

会見から八日後、国交大臣の冬柴鐵三は、大滝ダムの基本計画の変更について荒井知事に意見を求めてきた。

五十年の事業のなかで、六回目の変更にあたる。

はじめは二百三十億円だった事業費がうなぎのぼりで、工期の変更を重ねるたびに青天井のていをなしていき、とうとう三千六百四十億円までに膨れあがってしまった。

ここまできて、白屋地区の対岸にある迫《さこ》地区においても地すべり対策工事をしたいので、あと四十億円が要るという。さらに、ダムの本体を構える大滝地区でも地すべり対策工事をするから、ここでも九十八億円が要る、云々と、つごう百六十億円の増額に至ることを冬柴は知事に通告してきた。

白屋地区のほかでも地すべり対策工事をするよう勧めたのは、京都大学防災研究所教授の千本良雅弘ら地質学者など六人の委員でつくる「大滝ダム貯水池斜面再評価委員会」（二〇〇五年）である。官製のにおいのしそうな会議だ。湛水により、新たに地すべりが発生する危険を指摘していた。

二年後、白屋区民は国を相手取り、国賠訴訟を起こすが、国交省は法廷で、千良木の言う「初生地すべり」論を根拠として発生を予見することは不可能であると主張した。

二〇〇五年の委員会は、大滝地区まで危ないと指摘した。地すべりの対策工事現場の近隣には、旧白屋地区の十二世帯が地すべりの難を逃れるため、提供を受けた定住先の住まいがある。

ここもか。あそこもなのか。

古くから文人墨客が多数来訪した村である。それが地すべり街道などと陰口さえたたかれる。

このころ、大滝地区の人家の前の国道を一日二百五十台もの大型車両が行き来している。

新聞に勇気ある投書を送った主、横谷好則と面談したのは二〇一六年二月のことである。

一家は村内に残る選択をしていた。都会に出て行った白屋生まれの妹は、郷里の川上村に、いつでも帰省できる家が存在するだけで喜んだ。白屋は消えても、川上村に帰ってくる、それだけでうれしいと言う。

「私のなかでは地すべりはまだ終わっていません。地すべりがなかったら、区民同士の嫌な喧嘩もなかった。コミュニティの分断もなかった。もう昔の白屋には戻ることはできません。心のどこかで戻っていくことを拒みます。これまでのことを書き残したいと思います。私たちはどう歩んできたか、子どもたちに伝えたい」

日当たりのよい土地だった。

ありし日の白屋集落。長い歴史を誇った。(『白屋区史第二部』より)

大正九年生まれの紀美江(仮名)は、九八年に夫が他界して以来、白屋地区で一人暮らしをしていた。夫は生前、山仕事で大けがをして重労働ができなくなった。紀美江は子育てをしながら畑仕事、山仕事をこなし、それこそ馬車馬のように働いてきた。

仮設住宅に送られてきたときは八十二歳の高齢である。先に述べた「ぼけてしまった老人」とは、この人のことだったのかもしれない。そう思うに至ったのは、二〇一五年に起きた悲劇を、奈良地裁の裁判員裁判で私は傍聴したからである。

紀美江は同年三月、介護で追い詰められた長男(七〇)に首を絞められ、絶命してしまった。享年、九十四歳であった。

事件当時、行政が大滝ダム骨材生産施設跡に造成した十二世帯分の一区画に住んでおり、長男と同居したのは二年ほど前からのことである。

法廷では、郷里を離れていた兄弟姉妹、親族、縁者たちが、不幸な事件に呼び寄せられ、傍聴席を埋めることになった。

紀美江の次女（六四）は三日間の裁判中、しばしばハンカチで目がしらを押さえていた。被害者の遺族にあたるのと同時に被告の妹である。

次女の供述調書は吉野署が作成し、法廷で検察官が読み上げた。それによると、仮設住宅にいた紀美江は「畑仕事も山仕事もできない。何もすることがない」と嘆いていた。「さみしい」、「死にたい」とも訴えていた。

紀美江は昨年末、自殺未遂に及んで、県内の精神科病院に通院していた。事件の直前は「物を盗られた」などの妄想症状が著しくなった。

次女は取材に対し「仮設住宅はあまりに狭く、冬は寒いところでした。仮設が憎い……」と涙ながらに語った。いっしょに裁判を傍聴した夫（六八）は「義母が白屋地区を離れることがなかったら、こんな不幸な事件は起こらなかったでしょう」と肩を落としていた。

紀美江の長女（七三）も証言台に立ち、こう言った。被告の姉にあたる。

「母が元気なころ、道で誰かとすれ違うと『まぁのぼりよ』と誘われ、上がりこんでお茶を飲むことがよくありました」

白屋の人々の日常が伝わってくる。

それでも全世帯で仮設に移住したのだから、地縁は続いていたはずだと思う読者もいるだろう。しかし前に述べたように、緊急的な避難の渦中にあって、これからどこに定住するかで区民の間で意見が分かれ、分裂状態に陥ってしまう。区民一丸の集団移転はできなかった。

仮設住宅で心の調子を乱した紀美江は、他の十一軒と共に一戸建ての住宅に住んだ。

長女は公判でこうも証言した。

「インターホンを押さなければ区民を訪ねることができない、そんな新築の様式の変化が母には苦痛で耐えられなかった」

閉廷後に話を聞くと、白屋地区では、玄関の鍵などかけたことがなかったともらしていた。

「ダムがなかったらこんなことには……」

そう言って声を詰まらせた。

追い詰められ、犯行に及んだ弟の被告は初犯。真面目なトラック運転手だった。奈良少年刑務所内の拘置所で書いた反省文が法廷で読み上げられた。取り返しのつかないことをしてしまったと内省する日々だ。

長い仮設住宅の暮らしは、健常者にもこたえた。血圧が上がる者や頭痛に悩む者が現れた。

「狭くて夫婦げんかが絶えなかった。毎日トイレの横でごはんを食べていたし……」

ある夫婦は口をそろえて言う。仮設住宅で生活中、六人のお年寄りが死去した。

村役場の課長を務め、後に村議になった辻井英夫（一九三三―二〇一五）は、自著のなかで言う。

昨日まで「ちょっと醤油を貸してんか」と言っていた隣人同士にしこりをつくり、何百年という歴史によって培われてきた文化や伝統といったものまでが壊されてしまうことになる。もちろん、ダムができることによって得られるメリットもあるだろうが、それがデメリットを上回るだけのものであるのかと考えてしまう。（『吉野・川上源流史―伊勢湾台風が直撃した村』より）

白屋区民が挑んだ国相手の裁判は、地すべりは予見できたのかどうかが大きな争点になった。国交省側は終始一貫、「予見は不可能」との論陣を張った。国の威信をかけ、スライド類を含む膨大な資料を裁判所に提出していた。潤沢な公費でもって気鋭の弁護士をつけて相手をねじふせることができよう。

どの土地に限らず、住民運動の裁判というのは、生業のかたわらで、あるいは家事を背負いつつ、人々は闘う。一人ひとりの心意気や弁護士の手弁当的な努力、そして学者の良心などが心棒になる。

いち早く白屋区民の願いを聞き入れ、地すべり調査に奮闘した吉岡博士はすでに他界していた。だれに相談しようかと、原告の区民が膝つきあわせ、呻吟していると、島村という弁護士が「地すべりの予見可能性については、奥西先生の助言を求めたらどうか」と提案した。

地形土壌災害を専門とする京都大学名誉教授の奥西一夫で、原告団長の井阪は二〇〇八年六月、協力を求め、了解を得ることができた。地裁は奥西の意見書（三一ページ）を採用した。さらに原告団は、高田直俊・大阪市立大名誉教授（地盤工学）の意見書を得ることができた。高田は、その三十五年前、吉岡金市の白屋地区地すべり調査に同行した和田一雄の知り合いだった。そのころから区民の相談を受けていた。

高田の意見書によると、地すべりが発生した地盤は、表層から深さ七十メートルに至るまで風化が進んでいた。風化の著しい特徴である粘土化やれき化、ひび割れがたくさんあった。粘土層などのわれ目にある粘土の薄い層のなかにダム湖の大量の水が浸入し軟化したため、地盤変状を生じさせた、という考えを高田は示した。

奈良地裁の一谷好文裁判長はこの意見書を信用できるとした。

この裁判の三十年ほど前に、奈良県地質調査委員会が深さ七十メートルまで風化した粘土を認めていたことは、先に述べた。

一方、国交省は、地すべりの予見は不可能だったとする立場を貫き、争点の深度七十メートル付近の地質をめぐっては、過去の地すべりが詳細に推定できないことなどから「いわゆる逆算法による安定解析を行うことはできなかった」と法廷で主張した。

これに対し奥西一夫は「（安全率を計算する手法の）いわゆる逆算法によることはできないにしても、横坑調査および横坑内における試験によって得られた詳細なデータを用いて解析を加えることが可能」とする意見書を提出した。地裁はこれを採用し、国交省の主張を退けた。

奈良地裁の判決は二〇一〇年にあった。遷都千三百年祭でにぎわうその年に言い渡された。

大滝ダムの試験湛水に伴う地すべり発生等に対する危険防止措置は不十分であったといえ、営造物であるダムが通常有すべき安全性を欠き、他人に危害を及ぼす危険性のある状態にあったのであるから、被告による大滝ダムの設置には瑕疵が存在したといわなければならない。（判決文より）

画期的な判決であった。しかし、村民らが求めていた慰謝料の支払いは退けられた。国は十分な補償を払っているのだから……というのが、その理由であった。

すぐに大阪高裁へ控訴することを人々は話し合った。

一審を共に闘った仲間たちは一人抜け、二人抜け、とうとう七世帯の十二人で控訴審に挑むことになった。

高齢の原告団長、井阪に寄り添ってきた横谷圀晃は、国相手の闘いにまっしぐらであった。舞台は高裁に移された。

すると、またしてもいやなことを言われた。

「補償があるのに、まだゼニカネ取りにいくんかよぉ」。知り合いがからかった。

「ここまで言われて、ほんま、情けなかったですなぁ」

村役場のある幹部職員も、訴訟をよく思っていなかっとみえる。陰でこう言っていた。

「後だしジャンケンでっせ。地すべりが起きて『そら見たことか』と言わんばかりになぁ。原発事故が起きてから盛んになった反原発運動とよぉ似とるわ」

裁判の旗振り役を務めてきた井阪は、山林労組の出身であった。

昔から旺盛な批判精神を発揮してきたので、ある者は嫌悪し、ある者は親しみを感じる。

川上村は、日本の山林労働組合の発祥の地と言われる。

『奈良県の近代化遺産』（県教育委員会発行）によると、一八九六（明治二九）年に全国初の山林労組が川上村東川《うのかわ》で結成されたとある。背景としては、就労の規約をめぐって、山林地主と労働者が対立し、敗れた人々が団結したそうだ。

大正時代に入ると、白屋、井光《いかり》、高原という土地でも、労働組合が生まれたと同書にある。

こうしたリベラルな気風は、後に国相手の裁判にひるむことがなかった人々の精神に受け継がれていたのだろうか。

こんな小さな村から、民主党の代議士や社会党の県会議員などを輩出した。

井阪は言う。

「ダムで一生がおわります」

伊勢湾台風の来襲、三十一歳。

建設省、大滝ダムの実施調査に着手、三十四歳。

ダムの個人補償に向けた調査に村役場が同意、四十二歳。

倉敷の吉岡金市を訪問し、地すべり調査を依頼、四十五歳。

白屋地区、地すべりの長期観測と対策工事を国に要請、五十三歳

建設省、白屋橋の着工、五十八歳。

ダム本体のコンクリート打設はじまる、六十八歳。

試験湛水中に白屋地区で地すべり発生、七十五歳。

白屋地区、国を提訴、七十九歳……。

「三十歳そこそこでダムに巻き込まれ、ダム対策ひとすじの人生やった。長い長い闘いだった。孤独そのものです。足を引っ張ってやろうという者がどこからともなくあらわれる。行政ってやつは村民の団結を嫌うものですな」

そう言って、井阪は畳に目を落とす。米寿を迎えた。


白屋区民は二〇一一年、大阪高裁で逆転勝訴した。

区民が大滝ダムで被った苦痛に耳を傾けた判決となり、松本哲泓裁判長は一世帯に百万円ずつ賠償するよう国に命じた。「地すべりは予見できず、ダムの設置管理に瑕疵はない」とした国交省側の主張は再び退けられ、国は上告を断念した。

勝っても区民のきずなには、とうに亀裂が走っていた。

その証拠に、高裁判決の二年前、こんな出来事があった。

井阪、横谷ら十三世帯がまとまって移転した、橿原市石川町の造成地に、白屋地区の八幡神社が移築された。いよいよ完工の奉祝祭が執り行われようとしていた。

ところが村の造成地に残る十二世帯はだれも出席しなかった。式典案内の往復はがきへの返信はあったが、いずれも「欠席」のところにしるしが打たれていた。

日ごろ村の人々は買い物などでよく橿原市に来るが、旧白屋区民はこの石川町に立ち寄ろうとはしない。八幡さんにお参りした気配もない。

当地出身の森林組合長、南本（前出）は言う。

「氏神を中心に何百年。まぁ氏神ステータスの崩壊やな。区民はホントにばらばらになりました」

白屋地区の解散総会は二〇一三年四月二十八日、橿原市久米町神宮前の橿原オークホテルであった。

総戸数は、十年前に地すべりが起きたときと同じ三十七世帯。体調不良などの六世帯をのぞき、三十一世帯が出席した。

最後の区長、井阪勘四郎は、どんなあいさつをしたか。思い出してもらった。

「ともにダムで苦労し、いよいよ再出発のときを迎えました。暮らしが再建され、安心の日々がやって来ました。それぞれの土地に分かれても、昔からの互助精神を大事に、仲良く過ごしていかれますことを願ってやみません」

そう言って、井阪は言葉をつまらせた。

「どうして、団結して移転できなかったんか。区民がひとり残らず一丸となって生活を再建したかった。もうちょっとわしがふんばっていれば……」

井阪は仮設住宅で体調を崩して一時入院し、腸の一部を切除する手術を受けていた。


人々が自力で開拓した橿原市石川町の土地は、すぐ隣が明日香村で、国道の芦原トンネルを抜けると吉野郡大淀町に入る。吉野町を経てほどなく川上村が近づいてくる。

村内にとどまる旧白屋地区の十二世帯は、ダム骨材生産施設跡地に新居を構えている。公民館の清掃活動は月に一度あり、三軒ずつ交代で行っている。

地すべりの発生から、えとが一巡した二〇一五年の春。八十八歳になるという男性はこう言った。

「サクラの花見が一番の楽しみや」

人々が集う花見の場所は、意外なところにあった。

この新しい造成地から車でのぼってすぐのところに、大滝ダム建設に従事した作業員の二階建て宿舎が二棟残っている。往時は三百人ほどの労働者が寝起きしていたようだ。その敷地に、旧建設省時代の職員が二十本のサクラの木を植えたというのだ。

季節の花々も次々に開花する。

スイセン、ハナミズキ、ホオズキ、ツツジ、カリンなどが植わっている。

一体、どんな思いで植えたのだろう。

ダムの工事は十年以上かかることをふんで、土木作業員たちの心をなごませようと植えたのではないか。そう考える村人もいた。

でもまさか、自分たちがこんなところで花見をするとは、何というめぐりあわせなのか。そんな思いが去来する人もいる。

植樹した職員に心あたりはないか。大滝ダムを管轄する五條市三在町の紀の川ダム統合管理事務所の副所長、三上俊郎に尋ねた。

「当時のようすを知る職員のほとんどが退職し、よくわかりません」

ダム事業の着手から半世紀が過ぎた。


十三世帯が移転した橿原市石川町は「よいところですね」と他人は言う。近くに百貨店や奈良医大の付属病院があるし、鉄道の駅も近い。それらは一般の県民にとってそうなのであり、安全そうな土地へ避難してきたにすぎない。

環境の変化はお年寄りにこたえる。野菜や花をつくって、人に贈ることが川上村で暮らす一番の楽しみだった。こんな庭ではろくなものができない。横谷圀晃の妻、崇子（一九四一年生まれ）

はこのごろ、桜井市内の実家にわざわざ出向いて土いじりをしているくらいだ。

村の畑仕事はそれほど楽しいものか。

川上村で山菜採りをしていた地元の女性に聞いてみた。年齢は七十のはじめという。

「そりゃぁ村の老人たちは畑仕事が大好きでっせ。杖をついてでも土いじりに夢中になる。でもあんまりにも獣の被害がひどいんよ。シカ、サル、イノシシ。防護柵とか防護ネットなどの補助金も行政から出ますけんど、国民年金しかもらってない世帯が多くて、ばかにならない出費です。このごろは軒先にあるネコの額のような畑でさえ、いじるのをあきらめてしまう。デイサービスなんかに行くより、一番のリハビリが農作業やな。収穫の喜び、近所の人たちに分けたり、都会に出ていった子どもに送ったりするうれしさはたとえようもない。どの家にもちっちゃな庭はあって、畑ができる環境ですのに。こう言っては何だけど、ダムの補償をもらい、離村した人の方が幸せではないかって考えてしまうことがあるんよ」

村に残って畑仕事をしたい人たちがダムで追い出され、村に住んで畑仕事をしたい人たちが獣による甚大な被害で農作業をあきらめてしまう。

「獣たちだって昔は山奥で静かに暮らしていたんや。戦後の拡大造林とかで杉、ヒノキをやたらに増やしたことも原因なんやろうな」

ふるさとを追われた横谷圀晃は、害獣憎しの村民感情とは少し違うまなざしで動物たちの今を見つめる。

「おばあちゃん。さがしものばかりしている」

たまに遊びに来る孫に、崇子はそう言われた。

川上村の旧家のつくりは、収納に困ったことがない。裁縫をするときの布きれは土蔵の二階に、味噌と梅干を置く場所は母屋の涼しいところ。臼屋《うすや》といって、餅つきの道具をしまう納戸もあった。現代住宅とは勝手がちがう。何をどこにしまったのか、わからなくなってくる。

聞き取りをしていたら、雨が降ってきた。

最後の区長、井阪方では、高齢の妻が病気で伏せっているという。

横谷の妻は、さっと走っていって洗濯物をとりこんであげた。

共同体は生きている。

# 第4話　釣ざおの国家賠償請求

吉野川は古歌に名高い。次のような歌がある。

大滝を　過ぎて菜摘に　近づきて　清き川瀬を　見るがさやけさ（万葉集 巻の九の一七三七）

この大滝はどこなのか。主要な学説によると、奈良県吉野郡吉野町宮滝を流れる吉野川（紀の川上流）の激流だという。しかし、『川上村史』は、うちの村の大滝のことだと言っている。江戸期の学者二人が、それぞれの著書のなかで川上説を採用している。

澄んだ水のたけだけしい勢いが独特な風趣をなしていた。長い歳月によって積み重ねられた川と人との営みが遮断され、大滝はいま、巨大えん堤がそそり立つ。

すぐ上流に、大きいダムがもうひとつある。

一九七三年に完成した農林水産省の大迫《おおさこ》ダムだ。

吉野川分水といって、水系の異なる奈良盆地（大和川水系）に農業用水を送る目的でダムは造られた。少雨、干ばつに苦しんだ大和平野三百年の悲願であったと、奈良県庁は分水事業をいまも盛んに顕彰している。

悲願というわりには、耕作放棄地の類が、水を送る先々で増えていったことは、ダム建設に対し、最後まで心の和解ができなかった者たちを空虚な気持にさせる。

大迫ダムえん堤のすぐ下流が北和田という土地である。村史によると、ワダというのは川の曲流地を示すと言い、いかにも川の国の地名である。

区長の大浦利治（七二）は言う。

「このダムの工事が始まる前、吉野川の水はじかに飲めたんやで。わしら、自然破壊を目の前で見てきました。ダムができてから、水は濁るし、魚もいなくなった」

大迫ダムが完成して三年が過ぎたときのことだ。水没した百五十一世帯の戸主の名を刻んだ御影石の記念碑が建立され、除幕式が行われようとしていた。

そこには、川上村長の南本典保、村会議長の大谷一二の姿はない。

国、県の担当者は、再三、出席を要請したと言われる。

そもそも、大迫ダムに「治水の機能をもたせる」というのが国の方針だった。伊勢湾台風の被害をきっかけとして、農林省は、大迫ダムに洪水調節の機能を加えようと計画を膨らませる。総貯水量のプランは、現在の二倍近くの五千四百十万立方メートルに上っていた。ところが建設省が自前の治水ダムを造ると言いはじめ、総貯水量八千四百万立方メートルという巨体が浮上してくる。これが大滝ダムである。

職務を異にするはずの二つの官庁が、同じ山村の同じ河川で縄張りを争うかのように、水面下でうごめいている。

両省の協議がととのい、農林省の大迫ダムが洪水調節機能を正式に断念したのは一九六二年十一月十四日のことである。すなわち、この日をもって、川上村民の人生に影響する大滝ダム、大迫ダムの二大建設計画が確定した。

したがって、八二年八月一日、集中豪雨が発生した吉野川で、釣り人や河原のキャンプ客ら七人が溺死した時点において、大迫ダムには治水の機能はもちろんない。大滝ダムにしても、本体のコンクリート打設がはじまるのは、十年以上、先の話である。

豪雨は、大迫ダム貯水池の水位を急上昇させた。ついに越流（オーバートッピング）の恐れから、農水省の同ダム管理事務所は緊急放流を行い、吉野川の水位がみるみる上昇してしまう。激流に押し流され、命を奪われた七人の遺族らは国に損害賠償を求め、提訴に踏み切る。遺族側は、大迫ダムの緊急放流がもたらした異常な増水が事故原因であると主張した。

これに対し農水省は、午前三時の時点で雨量増加の発生確率は一万年に一回程度の異常なもので、予測不可能な急激な流入だったと主張した。ダム管理事務所は、「適切なダム操作だった」として正面から争う姿勢を鮮明にしていた。

大阪地裁は八八年、ダム管理の瑕疵と被災との間に因果関係を認め、国は敗訴する。放流した量の増加率が、ダムに入ってくる豪雨の増加率より大きく、急激な放流として、国の落ち度を認めたのだった。

奈良県警は業務上過失致死の疑いで捜査をしたが、ダムの管理者は不起訴処分となった。その後、ゲートの操作は指針通りだったのではないかとする見方も出てきた。

農水省は控訴したものの、大阪高裁で和解が成立し、遺族らに計二億二千万円が支払われた。情報公開法に基づき、私は和解調書を開示請求してみた。保管先は、河川管理者の国土交通省である。

これによると、九一年三月、大阪高裁の第九民事部の和解室において、石田眞裁判長、遺族らの立ち会いのもと、大迫ダム水害訴訟の和解が成立していた。

紀の川上流の吉野川に切り立つ大迫、大滝の二大ダム。そのいずれもが、苦痛を受けた人々から訴えられていた。水害と地すべりとで争点はそれぞれ異なるにせよ、いずれも国はダム管理のあり方が厳しく問われたことになる。

七人が犠牲になった奈良県川上村の大迫ダム緊急放流は、人間を簡単に押し流してしまう水流のとてつもない威力を見せつけた。

遺族らが起こした国家賠償請求訴訟の裁判記録などを読みながら振り返ってみる。

水害発生の前夜にあたる一九八二年七月三十一日。日中の吉野川は晴天だった。

夏休み中の土曜日ということもあって、河原のキャンプ客は、このシーズン最大の人出であった。奈良県警が発表した吉野川の人出は七百七十七人に上る。

日没後、状況が一転する。

奈良県南部に大雨雷雨注意報が出されたのは三十一日午後十時五十分である。それから二時間二十分後、すなわち翌一日の午前一時十分には大雨洪水警報に切り替えられている。このことから、災厄を被った釣り客らの行動にも不注意があったとして、大阪地裁は正規の賠償から二割を差し引いた金額を言い渡している。

この集中豪雨により、大迫ダムの水位が急激に上昇した。

原告のひとり、堺市の電気工事業、門宏正は、増水した河川のなかで丸太につかまりながら押し流され、右岸近くの柳の木に取りつくなどして、九死に一生を得た。

門が国に損害賠償を求めていた項目のなかに「ゴム長一万八千円」というのがあった。釣り人が着用する胸まであるゴム長だ。安らぎの休日が一瞬のうちに、濁流に飲まれ、門はとっさの判断で脱ぎ捨てたのである。

一審の裁判記録（『判例時報』）には、門本人への尋問などが出ている。これをもとに、ダムの緊急放流がもたらした水害を再現してみる。

八月一日午前九時半、門は、和歌山県伊都郡かつらぎ町西渋田の川にアユ釣りにやって来た。吉野川の下流にあたり、川の名は、紀の川に変わる。

「ささ濁り」といって、川面は薄く濁った色を見せ、「アユ釣りには絶好の状態」と思わせたことを、門は法廷で述べている。左岸沿いの片州から二十メートルほど川へ入った地点で釣りをはじめた。

およそ四十分が過ぎたころである。腰にあたる流水の勢いが強くなったと門は感じた。本流の幅が広がっていき、水の色は茶褐色に変じ、たちまち急流になった。片洲にいたつもりが、足もとはすぐさま姿を変えて小さな中州になる。同じ場所に、アユを採る仕掛けをつくっていた岸和田市の会社員、下岡俊文がおり、二人とも中州に取り残されてしまう。足場はどんどん小さくなっていく。

もう流される。覚悟のうえで門はゴム長を捨てた。カッパも捨てた。このとき、大きな流木や枯れ枝が流されていることに門は気がついた。ダム尻と呼ばれる貯水池の端の方によくたまっているそれだ。

「ああ、上流でダムの放流があったのだな」

門はそう感じたという。

二人は濁流に身を委ねるが、下岡は流されたまま不帰の客となる。耳に残る下岡のうめき声を、門は法廷で再現している。生死の境目にいて聞き届けた声だった。

門は間一髪、流れていた丸太につかまり、あるいは柳の木にとりつくなどして、息を整えながら必死で泳いだ。ついに、紀の川右岸の穴伏という土地にはい上がった。流されてから四十分に及んだ修羅場であった。

下岡の遺体が発見されたのは七日後の八月八日である。享年四十四歳。訴訟では、働き盛りだった下岡が謳歌すべきはずの人生の稼働可能期間は二十三年として損害が算定された。

事故から六年を経て地裁判決が下されたが、まだ遺体が見つかっていない犠牲者が二人いた。

うち一人は六年前の事故当時、二十九歳の若さだった東大阪市の市立鴻池東小学校の五年担任教師、塩崎正人である。婚約者がいた。被災地点としては最も上流の、吉野町宮滝で惨事に巻き込まれた。友人とキャンプをしていた。

奈良盆地に供給する農業用水の恩恵が盛んにうたわれたダムである。放流の事故で流され死亡した人々のなかには、農業の従事者が二人いた。いずれも奈良県民で、一人は吉野川のまち五條市の人、もう一人は吉野郡きっての農業村、西吉野村（現・五條市）の村民だった。堺市の米穀商が二人、犠牲になった。

釣り人の門が国に賠償請求した道具類の一つひとつに、ダムの緊急放流がもたらした休日の大惨事がよみがえってくる。

ゴム長（釣用の胸まであるもの）　一万八千円
釣り竿　四万五千円
釣り針、釣り糸、鉛　二万八千円
アユ鑑札　七千円
缶ビール二缶　五百円

ナップザック、弁当、カッパ　　五千円

悲願三百年の吉野川分水と言われる。

しかし、ダムの工事が進むにつれて、国の減反政策とか人々の農業離れの傾向とかがささやかれている。いぶかしく思う村民は、一人や二人では済まない。

川上村の昔の広報紙を県立図書館でめくっていたら、大迫ダムに対する不信感をにおわせる記述に出くわした。

『広報かわかみ』の一九七七年十一月号である。その四年前にダムは完成している。

これによると、奈良盆地の田畑に水を送る大迫ダム事業のおおもとは、「十津川紀の川総合開発」という名の一大公共事業である。ときは第二次世界大戦が終わった直後であり、日本は深刻な食糧難であった。

食糧増産に向け、農業の振興を打ち立てた国のダム開発をめぐっては、「アメリカ占領軍の意志が働いていた」と、村広報は解説している。

開発構想のあらましは、旧内務省の手になる。

その名は「復興国土計画要綱案」という。まだ連合軍の占領下にある時代である。米国のテネシー川流域総合開発（TVA）が素晴らしい手本であると、もてはやされていたらしい。

有名なテネシー川開発公社の美談である。米国のルーズベルト大統領のニューディール政策の一環として、一九三三年に繰り広げられ、大恐慌を回復させたことで知られる。

日本では、戦後三十年が過ぎた七十年代の後半ともなると、国土の産業構造がかなり変わってくる。奈良県および和歌山県の両平野にあっても、市街化が進む。「皮肉にも農地は減る一方だ」と、くだんの『広報かわかみ』は言及している。

図体の大きなダムゆえ、補償にも工事にも膨大な時間がかかり、いよいよ完成というときになって、農業事情は大きく変化したのである。

はじめの食糧増産など、今は誰も言わない。

（『広報かわかみ』七七年十一月号）

当時の川上村の広報紙を読むと、国は過大な水需要を想定していたのではないかと疑われる。走り出したら止まらない公共事業の性格が見えてくる。

ならば、川上村の百五十一世帯もが大迫ダムの底に沈む必要があったのかと思わせる。

村が編んだ『大迫ダム誌』には、水没する家々においては、役人との立ち退きの交渉が重なり、村民が疲労するようすが出てくる。

入之波《しおのは》地区のある家では、二年の間に二百回を越す交渉を余儀なくされたと、ダム誌は伝える。

「妻や娘も接待で疲れ果ててしまいました」と、村民の肉声を刻んでいる。

そのとき県庁はどちらを向いていたのか。

さながら、霞ヶ関の下請け機関のように、県の吏員は農林省とのチームプレーを発揮し、地元交渉に出没していた。

このダムがなければ、緊急放流の大惨事もなかったわけである。

まして、すぐ下流に大滝ダムという、輪をかけて馬鹿でかい貯水池が出番を待っている。


地すべりは、大迫ダムの工事中にも発生していた。

『川上村史』によると、一九六七年五月十一日、ダムサイトの左岸上流で大規模な地すべりが起こったとある。

当時、農林省は「ダム付近の地質は良好であり、ダムは安全である」との見解を示したという。

だが、「村民はこれに納得せず、全村で怒りと不信の声が高まった」と村史は語る。

すると、二〇〇三年、大滝ダムの試験湛水中に地すべりが発生した同じ吉野川沿いの白屋地区から、十キロほどしか離れていなかったことになる。

歴史は繰り返す、ということなのか。

大迫ダムの工事中、地すべりが起きて、住民の怒りは頂点に達した。地質調査の結果はどのようなものか、また、設計仕様書をつまびらかに公開するよう国や県に人々は要求していた。いっこうに開かれぬ情報に、村民は地団駄を踏んだに違いない。

前に述べたように、すぐ下流の治水ダム、大滝ダムの基本高水をめぐり、白屋区民が算式を成り立たせる細部の公開を求めたところ、建設省に門前払いされている。

情報公開法などなかった時代だ。

いまなら、「何人」であっても、行政文書の公開を国に請求する権利がある。かりに黒塗りだらけの、すぐには判読できないような文書が突き付けられたとしても、裁判所に不服を申し立て、不開示部分を撤回させる訴訟を起こす道もある。

そうであっても、いまだに現代の官庁においては、記録もれや誤廃棄などの問題が時々起こるものだ。まして、公文書管理の法令などなかったあの時代の制約のなかで、公権力にまつわる情報を得ようとしても、村民は暗中模索するしかない。

その証拠に、国家事業としての大迫ダムの建設計画が、戦後まもない中央官庁で浮上してからというもの、村行政に正式に建設の通知が来るまで、実に十三年もの歳月を要している。

一体どのような地すべりだったのか。

くわしく知りたいと思い、事業主である農水省に対し、情報公開法に基づく開示請求をした。だが、関連する行政文書は存在しないという。

奈良県が発行した『吉野川分水史』のなかに具体的な記述があったので、引いてみる。

五月十一日の午後、ダムサイト左岸で仮設備用地の掘削出来高測量を行っていた農林省大迫支所の係員が、ふと斜面上方の杉林にひとみをこらして「あれは……？」と言った。密植した吉野杉の若木は下枝を払われて、クシの歯のようにそろっているのが特徴であるが、その杉木立の一部が乱れていた。すぐ測量が中止された。付近の踏査が行われた結果、相当の範囲にわたるクラック（地割れ）が確認された。

農水省の職員の話では、地すべりの行政文書はないが、近畿農政局が八五年に刊行した『十津川・紀の川事業誌』のなかに、関連する記載があるという。そこで近所の図書館に行って読んでみた。

どういうわけか、地すべりという言葉がこの刊行物にほとんどあらわれてこない。

「崖錐《がいすい》すべり」と国は呼んでいた。

地元の川上村は、村史や公文書などにおいて、「大迫ダムの地すべり」と呼んで記録している。

この違いは何を物語るのだろうか。

国が言うように、地すべりは表土だけのものなのか。それとも、村民たちが心配していたように、地層の内部が複雑に変化した可能性はなかったのか。

当時の新聞各紙によると、表土の移動は五十万立方メートルと推定されていた。ダムサイトの左岸から約二百メートル上流の山腹斜面に、さけ目がU字型に入っていたらしい。

現場は、ダム建設に伴う付け替え国道の新設工事が行われていて、山の斜面を掘削する作業中に「すべり」が発生したとみられる。

それにしても、国の言う崖錐すべりというのは、聞き慣れない言葉である。『広辞苑』を引いてみると、「崖錐」とは、懸崖や急斜面の上から落ちてきた岩屑が麓にたまってできた半錐形の地形、と解説されている。

崖錐すべりという現象について、国の言い分を『十津川・紀の川事業誌』から拾ってみよう。

紀の川水系の吉野川上流部は、急峻なV字谷で知られている。

その断崖の地形をなす上部に、「石灰岩の転石を有する粘板岩、砂岩などの風化岩からなる崖錐堆積層というのがある」と言うのだ。

崖錐斜は一般に不安定なものが多い、と同書は解説する。

大迫ダム工事中の崖錐すべりが起こる七年八カ月前、伊勢湾台風がもたらした大雨により、崖錐層の多くが崩落した。これが河道をふさいだため、未曾有の大災害につながっていくのだが、そのときの崩れ残りの大きなものの一つが、このたびの崖錐すべりの崖錐面ではないかと考えられる、と同書にある。

大迫ダム工事中の「崖錐すべり」が発生する三週間ほど前、当地では長雨に見舞われていた。四月二日から十六日までの間に、二百ミリに達する雨量であったという。

「有名な吉野杉はこの肥沃な崖錐層によって育ったものだ」と同書は付言している。

村が人工美林の適地であることは林業五百年の歴史が証明する。

食卓の魚にたとえれば、川上産の原木は大間のマグロに匹敵すると、村の幹部は言う。巨大なコンクリートのダムにとって最高の適地であると誰が言ったのか。

地すべり問題は未解決であるとして、村政や村民が煩悶しているさなか、農林省は大迫ダムの本体工事に向けて動き出した。

「仮締め切り」といって、吉野川の流れを変更し、仮排水トンネルに川の水を流し入れる工事に着手したのだ。一九六九年五月のことだった。

およそ二カ月後に転流が開始される。

強行な工事ではないのかと、川上村政は反発していた。

三十数年のときが流れ、すぐ下流の大滝ダムの試験湛水中、地盤が変状した。人々の脳裏に、大迫ダムの恐しい地すべりの記憶がよみがえってくる。

前出の元役場課長、辻井英夫は、二〇一一年に出版した著書のなかで、大迫ダムの「地質問題は未解決だ」として批判的な見解を述べている。

いくら農水省の側が「問題なし」という態度を示しても、地元では長年にわたり、不信感が横たわっていたことがわかる。

辻井は著書のなかで言う。


幸い、その後（大迫※筆者記入）ダム湖岸では地すべりは起こっていないが、この後に造られる大滝ダムの経緯を暗示しているとも言える。

# 第5話　異変

半世紀の星霜、そして三千六百四十億円という、とてつもなく莫大な公金を投じた大滝ダムの完成祝賀会が二〇一三年三月、盛大に挙行された。

試験湛水中に起きた地すべりの対策工事などに時間を要し、あれから十年の歳月が流れている。下流の人民を水害から守るため、身を挺して犠牲になった龍を描いた創作絵本『ふたつの龍のはなし』が祝賀会場でお披露目となった。

刊行された当初は、地すべり発生により、宙に浮いていた感もあったが、美談仕立ての物語はついに本懐を遂げる。


その年の九月のことである。

大型の台風十八号が発生し、その被害をめぐって、大滝ダムとの意外な関連について、自民党の県議、秋本登志嗣が同月の定例県議会で質問した。

この台風がもたらした豪雨による出水のため、ダムで守られるはずの下流の五條市内の一部の地域が浸水したのだった。川端という、その名の通り、吉野川沿岸の地区や上野《こうずけ》公園、その周辺の田畑が水に浸かった。

管理者の国交省に対し、秋本が確認したところ、上野公園付近の吉野川は、浸水被害を防ぐための堤防を建設する計画があるものの、「未着手である」ということだった。

質疑のなかで秋本は、大滝ダムがまだ洪水調節を実施していない、二〇一一年九月に発生した台風十二号を振り返った。

奈良、和歌山県などに甚大な被害をもたらし、紀伊半島大水害と呼ばれる災害のことである。このとき、最大で毎秒およそ千八百立方メートルの放出をしていたことを秋本は指摘した。

これに対し、ダムが完成した年の、先だっての台風十八号の際には、放流量は毎秒千二百立方メートルに抑えられていたことを言及した。

差は歴然としている。

「そのときよりも浸水被害の面積が大きかったため、非常に驚いています」（県議会議事録から抜粋）

つまり、治水ダムが完成しても、下流の五條市においては、吉野川が氾濫し、被害が発生した箇所があるという警告だった。

地元、五條市に住む秋本は、その原因について推察し、議場でこう述べている。二年前にあたる紀伊半島大水害の際に、土砂の堆積によって河床が上昇していた地点があること、さらに大滝ダムの下流の地点においては、吉野川と合流する支川の丹生川などからの流入量が多かったからではないのかと指摘していた。

答弁に立った県土マネジメント部（旧土木部）の部長、大庭は、管理者の国交省から聞いた話として、次のように述べている。

「今回の台風では、大滝ダムより下流の降雨が、二年前の大水害より多く、丹生川など、同ダムより下流の地点で本川と合流してくる各支川からの流入量が多かったことが影響しているのではないか、というふうに聞いておるところでございます」（県議会議事録をもとに作成）

元国交省河川局防災課長、宮本博司の言葉を借りると、「治水ダムはストライクゾーンが小さい」。つまり、図体の巨大なこと、莫大な金がかかるわりには、治水の効果は限定的であるという考察である。

紀伊半島大水害が発生した当時、宮本は和歌山県日高川町の椿山ダム（日高川水系）に出かけ、すぐ下流に住む御坊市の八十代のお年寄りに聞き取りをした。

老人はこう言った。

「このダムができれば洪水はなくなると行政が宣伝していた。これで枕を高くして眠れると思った。ところがこの水害で枕元まで水が来ました」

寝耳に水というのはこういうことなのか。

治水ダムは決して万能ではないことを物語る。豪雨で満杯になれば、ないのと同じである。御坊市の老人の話は、宮本の講演（二〇一五年一二月）を聞いて知った。

宮本を招いたのは、八ッ場ダムに反対し、住民訴訟に取り組む人々であった。十一年間、裁判を闘ったが、最高裁がダムを容認する決定を下したことに抗議して、東京都内で集会を開いたのだった。

同じ会場でスピーチした嶋津暉之（水源開発問題全国連絡会共同代表）は、その年の九月、台風一八号がもたらした鬼怒川の堤防決壊について言及した。

「四つの大規模ダムの洪水調節で決壊は防げなかった」

鬼怒川上流には、川俣、川治、五十里《いかり》、湯西川の四ダムが造られ、治水容量の合計は一億二千五百三十万立方メートルである。大滝ダムの同容量のざっと二倍に当たる。

この関東・東北豪雨により、十月九日付の下野新聞は「迫る緊急放流　住民避難」の見出しをつけ、川治ダムの直下において、一時避難の発令（九月一〇日午前四時四五分）が出されていたことを報じた。日光市藤原地区の約百四十世帯が避難したという。

幸い大雨は収まり、緊急放流は見送られた。

かりに緊急放流がなされた場合、どうなっていただろうと嶋津は考える。

川治ダムの直下は、洪水調節の効果を前提とした河道になっているので、氾濫するだろう、そして大きな被害が発生したはずだと推察する。

「ダムとは、満水になると、調節機能を失い、かえって危険な存在になる」

嶋津は案じていた。

こうした批判を投げかけられる行政側はとかく、「ダムがなければ、下流の被害はさらに甚大であった」などの見方を示し、抗弁するものである。

論争は尽きることがない。


大滝ダムの竣工式典のあった年、川上村では十一月から翌年三月にかけ、村営の公共施設を次々と狙った連続七件の放火・窃盗事件が発生し、村民を不安に陥れた。

連続七件の事件発生現場を地図でたどると、帯のように長い大滝ダムの大貯水池の端から端までの間、湖岸の新しい国道に沿うようにして、犯行の地点と地点とが結ばれていた。

万葉の清流、吉野川をせきとめるダム工事

公共施設ばかりが狙われた。

被告は「何か売れるものがあると思った。お宝や金庫があると思った」と公判で陳述している。

ダム景気も手伝って、村内に続々と建つきれいな箱モノの類が、そう見えたのだ。

「水特法」と呼ばれる水源地域対策特別措置法の指定を川上村が受けたのは一九七四年のことである。

これにより、ダムの利水や治水で受益が発生する下流の自治体などから負担金を求めることができるようになった。

大滝ダムの水特法がらみの事業（水源地域整備実施事業）の一部を挙げてみる。

道路改良をはじめ、簡易水道の新設、校舎や給食センターの建築、保育所の整備が進んだ。村営住宅が建築され、公民館の分館も建った。登山道が整備され、観光振興をめざす木工施設などもオープンした。各世帯にし尿浄化槽（水洗トイレ）が行きわたり、無線受信施設が整備された。

インフラの基盤づくりが一気に進んだ。


竣工式典の翌年のことである。

大滝ダムは二〇一四年、早くも堆砂の問題で会計検査院から指摘を受け、国交大臣は改善を求められている。

ダムの堆砂問題は全国津々浦々で起き、つとに有名な話である。いったん豪雨が発生すると、急峻な山岳から大量の土砂が河川に流れ込み、ダムの貯水池にみるみる溜まっていく。

ダムの上流部は、河床が上昇して浸水が案じられ、下流部は排砂の影響で生態系が悪化すると言われる。

会計検査院は、大滝ダムの貯水池に溜まった土砂の類が、洪水調節容量内に堆積していると指摘した。本来、大洪水に備えて豪雨を受け止めるべき大容量の水ガメが、堆砂の影響により治水の機能が低下しているというのだ。

このダムの経歴は、かなり特異だ。

大工事が一応の完了をみたのは二〇〇三年にさかのぼる。しかし試験湛水中に地すべりが発生し、対策工事が完了するまでさらに十年の歳月を要した。その間、ダムの腹のなかに土砂が貯めこまれていったのだろう。

すぐ下流の吉野町の町長、北岡篤はこう話す。著名な政治学者、北岡伸一の実弟である。

「紀伊半島大水害（二〇一一年九月）の当時、川上村迫《さこ》で山肌が大崩落したが、大滝ダムが大量の土砂を受け止めてくれた。仮にダムがなかったとしたら、土砂ダムができていただろう。決壊でもしたら、役場のある上市《かみいち》のあたりまで水につかっていたかもしれない」

あの大崩落の土砂を飲み込んでいるのだ。


ちょうど会計検査院の指摘がなされたころ、川上村内では大きな催しがあった。行事にそなえ、大滝ダム貯水池の湖面に漂う流木の類を清掃していた村民は、「おぉ……」と驚きの声をもらした。

かつて木造の役場があった旧中心部のあたりで、民家跡の石垣がのぞいているではないか。

治水ダムは、洪水のシーズンに備え、最も水位を下げる季節を迎えていた。

通常の満水位が標高三二三メートル。これが八月の盆すぎになると、標高がこれより三十メートルほど下がるのだ。ダムの人造湖につきものの土色の護岸がむき出しにのぞく。

「風呂場のあとも見えた。釣ったアユを入れていた水槽なんかも見えた。旧国道の位置もわかる。ワシら、あんな狭い道を走っとったんやな。あの石段、あの家、どこのうちだったかな。すぐに思い出せんわ。ずっと上の道を走っているもんやから……」

上の道とは、立派な付け替え国道のことである。

「すっかり新しい環境に慣れてしまって、忘れてしまった光景は多々あるわな。ダムの水位が下がってくると、昔の暮らしの跡が出てくるわ、出てくるわ……」

ダム建設に伴う新しい国道の一部は、すでに一九八八年から供用が開始されている。新しい環境にすっかり慣れてしまったと、村民が語るのは無理もないことである。

道路は格段に良くなった。それでも、路線バスの本数が減ってきたのは、ダムのない山村と同じ傾向である。

くだんの連続放火事件の裁判を傍聴した村民に次のような話を聞いた。

かつては、街と村を結ぶバスが一時間に一本はあったが、いまは激減し、車のない者には不便になったという。

新しい国道の全線十二・八キロが通行可能となったのは二〇〇〇年ごろである。当時は、完成を待つばかりの大滝ダムなのであったが、〇三年に発生した試験湛水中の地すべりにより、完工は十年先になる。

この間も、ダムの器は、黙々と砂礫を貯めこんでいく。

どうしたら手に取るように堆砂の実態を知ることができるのだろうか。

会計検査院の公表資料だけでは、具体的なようすがよくわからない。そこで情報公開法を活用し、近畿地方整備局に対し「ダム堆砂台帳」を開示するよう請求してみた。

Ａ４一枚のシンプルな文書だった。単純な記載に意表を突かれたが、堆砂について国民が得られる公文書といえば、この程度のものしかなさそうなのである。

会計検査院は、この「ダム堆砂台帳」のデータをもとに改善を指摘したと思われる。

ダムを造る際、あらかじめ想定した百年分の堆砂量のことを「計画堆砂量」と呼ぶ。大滝ダムは八百万立方メートルである。

これに対し、二〇一四年三月現在の堆砂量は七百三十七万立方メートルに上る。

会計検査院の指摘に対し、国土交通省がホームページで示している見解によると、「余裕洪水量の範囲内である」として、特段の問題はないように読める。これら二つの官庁に著しい温度差があって、ますますわからなくなってくる。

大滝ダムの堆砂問題を一九七四年の時点で言及していた学者がいる。

気骨の老学者、吉岡金市であった。

本書の前半でも取り上げたように、吉岡は、大滝ダム建設に伴う川上村白屋地区の地すべりの危険性を調査しているが、その報告書のなかで、堆砂のことを指摘していた。

まず、国民、村民らに示されている「堆砂容量の図がおかしい」と吉岡は批判している。「計画堆砂量」の八百万立方メートルをめぐり、建設省の描いた図は、えん堤の底へ水平に堆砂するようにして示している。こんな状況は現実にあり得ないという指摘だった。

その後、河川工学の研究者、大熊孝（現・新潟大学名誉教授）が和歌山の高野山で開かれた「水郷水都全国会議」（二〇〇一年）において、ダム計画における堆砂容量のとり方を、やはり疑問視している。

「堆砂容量を水平に取ることは現実現象に合わないのでは？」と投げかけていた。

国交省はいまも、水平に堆砂する図を使っている。

吉岡が言うように、堆砂はダム湖の背水終端から始まり、洪水のたびごとにだんだんと、えん堤の方に押し寄せてくる。

大滝ダム貯水池の最上流に当たるのは、上多古《こうだこ》地区と言う。村の伝統食、とち餅の原料、トチノミを産する土地である。

ここへは、吉野川左岸の支流・上多古川から流れてくる土砂が堆積してくる。したがって大滝ダムの建設によって、四十七世帯が立ち退きになった。

他の水没地区と異なるのは、「村に残って暮らそう」と選択した世帯が二十四世帯あった。せいぜい半数しか残らないものだ。それでも、大滝ダムで水没した十四の地区のうち、いわゆる「留村率」が最も高い地区なのである。

ちなみに水没者が百三十一世帯と最多の迫《さこ》地区では、村外への移転を希望した家々は八十九戸にも上った。いかにダムが過疎に拍車をかけていったかを物語る。

元上多古区民は言う。

「補償交渉はずいぶん難航した。貝田はん（元村会議長の貝田治助）なんぞは十数年もプレハブ小屋みたいな、そうそう、白屋の地すべりのときの仮設住宅みたいな、むさくるしいところに住んで闘った。人生の後半でなめた辛酸は相当なものだったでしょう」

吉岡金市は建設省が行った大滝ダムの流出土砂量の計算が「けた違いに過小である」と厳しく批判していた。

中央構造線に沿う破砕帯地域の流出土砂量は、こんな小さいものではないのである。そのことは建設省の同じ中央構造線に沿うた破砕帯の天竜川水系美和ダム堆砂量の過小誤算で、建設省は大失敗の苦い経験をしているにもかかわらず、ここ大滝ダムでもまた同じまちがいをくりかえしているのではないか。

（『奈良県川上村大滝ダムに関する調査研究　白屋地区の大滝ダム建設に伴う地すべりを中心として』）

同じ吉野川のすぐ上流にある大迫《おおさこ》ダムとて、堆砂を免れることはできない。

かつては日照りの日が続くと、水没した入之波《しおのは》地区の小学校のフェンスなどがのぞいた。「いやな光景ですよ」と村職員がもらしていたことがある。

それも昔話となった。

ダムの運転開始から四十余年、繰り返し押し寄せてくる土砂のおかげで、埋もれ尽くしてしまったというのか、カンカン照りがいくら続いても、切ない遺物は何も見えなくなったという話だ。

裏を返せば、堆砂対策の工事が発生する。

入札執行調書というものを開示請求し、取り寄せてみた。

比較的最近のものとしては二〇一四年五月一日、京都の近畿農政局入札室において、大迫ダムの堆砂対策工事の入札が行われている。

参加したのは大阪に支店をもつ中堅ゼネコンなど二社のみだった。しかも一社は入札を辞退しているから、半ば自動的に落札していた。これは競争入札と呼べるのであろうか。

前年は十二社が参加している。

今日の入札は価格だけで落札するのでなく、総合評価といって技術者や施工計画などの評価も加味されている。十二社の競争はみらい建設工業という会社が一億五千八百四十万円で競り落とした。

うち四千八百万円分の下請けは、地元の大谷組、すなわち元村長、大谷一二が創業した建設会社が受注している。

地域経済のなかにダムは根をおろしていた。

こうした元請け、下請けの関係は、奈良県庁が保管する「建設業許可申請書類」の決算変更届けなどを閲覧して知った。同社の筆頭株主である大谷氏は村長在職中、社の代表を退いていたが、村長引退後に再び代表取締役に返り咲いた。

法人は柏木という土地にある。

ここは昔、世界遺産・紀伊山地の霊場と奥駈け道の中心をなす大峯山（奈良県吉野郡天川村）の登山基地としてにぎわった時代もあった。朝日館という大正建築の木造旅館が営業している。この村は、どこを訪ね歩いても歴史のしずくを浴びる。

文豪、谷崎潤一郎は昭和五年に川上村を訪ねている。すなわち、名作『吉野葛』の舞台の村である。ゆかりの妹背山は大滝ダムの下流、吉野町に鎮座する。

同町の飯貝《いいがい》という土地の吉野川で二〇一五年十一月六日、アユが一度に百五十匹から二百匹ほど死んでいた。奈良県吉野土木事務所によると、発見された時刻は午前十時半ごろだった。現場は妹背大橋の付近である。アユの姿は全体に白っぽく、まっすぐな形をしていた。現場は吉野川の右岸、したがって妹山の対岸、背山のそばで死んでいた。

原因を知ろうと、奈良県の情報公開条例に基づき、調査結果について景観・環境総合センターに開示請求したところ、「魚斃死原因等は不明」と書かれていた。

このことを直ちに大滝ダムの建設事業と結びつける意図は私にはない。

一方、すぐ上流の大迫ダムが完成してほどなく、吉野川で淡水魚の大量死が発生していたことが、村が発行した『大迫ダム誌』に出ている。

同誌の編集委員は助役、収入役、課長ら八人である。淡水魚の大量死をめぐって「ダム工事による排土処理、湖水環境の未整備が原因である」と断じている。

この事案に対し村は一九七六年、近畿農政局長に抗議文を送っており、吉野川の冷水や濁水、淡水魚の大量死に対し、調査解明して対策を講じるよう求めていた。

まったく予期しない冷水、濁水が放流されたという。「かつての清流はその面影を失い、この土地が開けて以来続いてきた吉野川の恩恵を奪われてしまった」と抗議文は訴える。

大滝ダムの地すべり対策工事が河川環境に影響を及ぼしたという声もある。試験湛水中に発生した白屋地区の事故に懲りたのか、国は、ほかの二地区でも本格的な地すべり対策工事に乗り出した話はすでにふれた。

その一つが大滝地区の対策工事である。地元に住む前出の元村職員、辻井英夫が環境面で強い不満を持っていた。

自著のなかで辻井は、二〇一〇年四月に撮影した工事現場の写真を掲載している。そしてこう批判した。

排水できない状況のなかでの土木工事であるが、完璧に施工されているのであろうか。また、下流域への生態系に大きな影響を与えると考えられる。

大滝ダムえん堤のすぐ直下にある大滝地区の区民、そして隣の西河地区の人々は、二〇一三年にダムが完成して以来、どうも地元の吉野川が汚くなったと感じている。夏場にいやな臭いがする日もある。岩に白っぽいものが付着していて見苦しいなど、いくつかの苦情を聞いた。

これについて国交省・紀の川ダム統合管理事務所は「水質の基準はクリアしているので問題はない」と機械的に話す。

西河地区の住民は言う。

「子どものころは夏休みのあいだ中ずっと、吉野川に浸かっていたというほど、よく泳ぎました。いまでは川が汚くなった。ダムサイトの下流は汚い。とくに夏場は台風シーズンにそなえて水位を減らすから、気温の上昇によってプランクトンが増えるのでしょう。赤潮みたいなのが発生する。とにかく汚くなった」

奈良県環境政策課に問い合わせると「大滝ダムのことなので、管轄外である。吉野川の水質調査は〈エコなら〉のホームページから閲覧できますよ」という回答だった。

ダムの目の前で暮らしている人々が「これまでの吉野川と違う」と不満をもらしているのだが、誰も耳を傾けようとはしないのか。

ひとつの回答は村役場にあった。

総務税務課長の阪口和久はこう言った。

「水が常に流れて川と言う。ダムで水は死ぬ。死んだ水が流れてくるからだ」

阪口の見方では、二〇一一年の紀伊半島大水害のときに村内で発生した崩落現場からの土砂流出なども影響しているらしい。

「死んだ水」と、きっぱり言うものの、むろん阪口は脱ダムの旗を振っているわけではない。コンクリートのダムとの共生を方針とする村政の担い手である。それにしても、この部署は、総務と税務を併せ持たなければならないというのは、一人で何役もこなす小さな村役場の事情を物語る。

村政の中枢にいる吏員らしく、阪口は取材に対し、次のような意見を添えた。

「根本的に村にとってダムは要らない。しかし造らなければ下流の命は守れるのか。ずっと建設に反対し続け、かりに大水害が起きれば、村は責められるようにも思う。和歌山に至るまで、下流の人命を守る治水ダムである」

国交省と村は両輪である。模範解答を村は掲げている。

完成まで半世紀かかり、そして「人間同士が……」と言いかけたところで、阪口は言葉を止めてしまった。

本当は何を言いたかったのか。ダムがもとで村民同士がいがみ合ったことが残念に思われると言いたかったのか。そしてこう続けた。

「今後、国は同じことはしない。このようなダムはもう造らないだろう。われわれの村は教材である」

村人が指摘する「岩に付着した白っぽいもの」について阪口はこうみる。「細かい泥が付着してそうなったたっんやな。コンクリートのアクなんかではありませんわ」

土木の専門用語では、シルトと呼ばれる、砂と粘土との中間の大きさをなす破屑物《さいせつ》の一種かもしれない。ダム工事が進むにしたがい、吉野川の岩の上がぬめぬめした感じになり、「歩きづらくなっていった」とこぼす人もいる。

村人は例年、秋になると、落ちアユといって、産卵のために川を下る子持ちのアユを獲って独特な味覚を楽しんできた。

大滝ダムのすぐ下流に住む人の家に最近、釣り好きの親類がやって来て滞在し、落ちアユの釣果を得た。ところが、いつもと違ったことを言われたという。

「腹を取ってから食べてや」

「えっ？　内臓を取らないとあかんの？」

そうしないと、どうも旨くない。そう言うのだ。それを聞いて、その家の主婦は、川の変化を思い知った。

「ダムができるって、こういうことなんや。なかなか想像できませんでした」

こんな変化もまのあたりにした。

「大雨が降ると、河川は決まってこげ茶色の濁流になるのがふつうでした。ダムが完成したら、深緑色のような水を放流している。うわっ、気持ち悪いなと思いました」

往年、初夏の週末ともなると、奈良盆地に住む知人を招いてアユ釣りに興じた。上流にはすでに大迫ダムが稼働していたが、それでも遠来の客たちは「きれいな川ですね」とため息をもらすのだった。

「河川には活気がありましたね。いま川をなくし、初めて分かることが色々あります」

ダムの計画が浮上した六十年代、大滝地区の吉野川では、水深五メートルぐらいの淵に、体長五十センチはあろうウグイなどの類が盛んに泳いでいた。

地元の人は「こうもり」と呼んでいる。隠り淵の意味ではないかと村史は言う。

大滝ダムの事業がはじまったころ、えん堤ができる地元、大滝地区の女性（一九三一年生まれ）は近所の皆とバスに乗り込み、奈良市登大路町の県庁の敷地で反対のすわり込み運動に参加した。

「足元の吉野川でアユが泳いでいた。父が釣が好きで、お盆のころに網を仕掛けると、一度に三百五十匹ものアユが獲れたことがある。川上村のアユは日本一とほめられたんや。何もこんな村の中心部にダムを造らず、せめて人のいないもっと上流に造ってほしかった」

いくら村政がコンクリートのダムとの共生を打ち出しても、古老の心のなかには割り切れない思いがくすぶっている。

昔は、豪雨の濁流が古い苔をはがし、やがて生育する新しい苔が良質なアユを育てた。そうしたサイクルがあった。

ダムえん堤のそばでは、使われなくなって久しいような水槽に雑草が生えていた。おとりのアユが動き回っていたのだろう。

すぐ川下の吉野町や下市町ではかつて、「アユの数より竿の数の方が多い」などと、うれしい悲鳴が飛び交っていた。このごろはカワウやサギなどの野鳥による漁業被害も手伝って、釣り客が減ってきたと聞く。

国土交通省の治水論理に立てば、大滝ダムの直下に住む人々は、これで枕を高くして眠れると安心しなければならない。

かりに伊勢湾台風と同クラスの大型台風が来襲したとしても、大滝ダム建設によって、およそ七十四万人が洪水から免れると当局は胸を張っていた。

彼ら河川官僚の世界では、ふだんの河川の流量や水位を「低水」と言うのに対し、豪雨で水かさが増すのを「高水」と呼んでいる。大滝ダムには毎秒二千七百トンの洪水を調節する機能がある。枕言葉のようにみんなが知っている百五十年に一度の確率で想定した大洪水を防ぐべく、計画高水流量が算出された。その過程においては、紀の川下流の船戸（和歌山県岩出市）を基準地点として、一九五三年から七二年までに起きた七回の洪水のデータなどをもとに基本高水ピーク流量・毎秒一万六千トンが決まる。このようにして河口からおよそ百キロの川上村において巨大ダムのサイズが計出された。

すぐ下流にある吉野町を歩いた。

古老なら、伊勢湾台風の大水害を忘れてはいない。

あの災害で吉野川に架かる桜橋や上市橋が流された。大動脈の国道が四百メートルにわたって決壊した。濁流が押し寄せ、おびただしい民家に被害が出た。

六十年近くの歳月が流れた。その台風をきっかけとするダムは、完成したばかりである。

ふるさとの河川を運命づける国の洪水防御計画は巨大ダムの建設を促してきた。これに対し、「欧米にはない日本にだけ通用する河川工学」（「脱ダム政策の哲学と実践」、収録『都市問題』二〇〇九年十二月号）と、痛烈な文句を飛ばしたのは元長野県知事の田中康夫（元代議士）である。

百年に一度、あるいは百五十年に一度の洪水に備えるといった国の確率理論は信頼できないとして、地元浅川の豪雨記録などをもとに田中は鋭く批判している。

吉野川のそばを歩いて、人々とすれ違いざまに声を掛けたところ、治水ダムができて安心だ、といった弾むような声はなかなか聞こえてこない。むしろ、清流の変化に不満がもれる。

上市という伊勢街道に沿って古い町家が軒を並べる土地では、年輩の男性が「川の水が昔とちがう。本当に残念や」ともらしていた。

いちど町議たちの意見を聞きたいと思い、二〇一五年、旧知の議員に取材を申し込んだ。約束した日時は、ちょうど委員会が終わったところで、彼を含め四人の町議が町長室に集まってきた。

一人はこう話す。

「ダムがないころの吉野川は、洪水が起こると上流からこのくらいの石を運んできたものよ」

町議が両手で示した大きさは、直径二十センチから五十センチくらい。やがて水苔がついて、アユのえさ場になったという。

「いまは流れてくるのは砂ばかり。河川の環境は確実に悪化したと思う。私らの町の下流の環境なんて後回しでしょう。大迫、大滝の二つのダムは、農水省、国交省、それぞれ縦割りという感じだ。大滝ダムは本当に必要だったのか、疑問視する町民がいますよ」

大滝ダムは、「選択取水」の設備が自慢だ。取水する深度を自由に選択できる構造になっている。適温できれいな層の水を選択して放流することができると雑誌で紹介されたこともある。

一方、ダムの下流は、吉野川の支川に深刻な課題があると話す議員もいた。「堆砂がものすごくひどい」と言うのだ。

町内の支川は、万葉集に名高い象山《きさやま》の喜佐谷川をはじめ、津風呂ダム下流の津風呂川、花の吉野山の西方に位置する左曽川など、いくつかの流れが本流に注いでいる。

戦後の国策である拡大造林によって、むやみやたらに広葉樹林が伐採されたことの影響は、現代に尾を引いていると議員は話す。

「山のてっぺんまで杉、ヒノキというありさまですから……」

植林された人工林の手入れが放置されれば、森の保水力が低下するという懸念は、だいぶ前から指摘されていることである。

その上、鹿やイノシシの数が増えていくにつれ、所によっては「森林は獣の糞だらけ」というありさまだと言う。そんなものが支川に流れ込めば、環境によいはずがないと憂いを込める議員もいる。

町議の一人は言う。

「大滝ダム完成直後（一三年）のアユは泥臭く、食えたもんじゃなかった。なぜだかわからない。ようやく去年（一四年）は食べられるようになった」

議員たちに会った半年ほど前、同じ吉野町の住民が「アユが泥臭くなったと釣り人に言われた」ともらしていたのをふと思い出した。

別の町議は言う。

「上ばかり（川上村ばかり）立派な箱モノがどんどん建ったがよ、まぁ、わしらの故郷の吉野町の吉野川にも環境向上の金をまわしてほしいってことよ」

治水ダムがすぐ上流にできて枕を高くして眠れる、という声はここでも聞かれなかった。

村の中心部をすっぽり沈めたダム湖

大滝ダムえん堤のそばに住む村民は、こうも観察している。

「ことしの夏も（二〇一五年）ダムの放流後、濁りのようなものがなかなか取れなかった。放流の初日はきれいな水が流れてきた。その後は濁る。なぜやろうか」

その三年前の話だ。

大滝ダムの竣工式を四カ月後にひかえた二〇一二年十一月のことである。

紀伊半島の観光振興と社会資本整備に関する連絡会議が和歌山県新宮市であり、国、県、市町村の関係者らが意見交換をした。大滝ダムの下流、吉野町の副町長はこう発言していた。
「ダムを活用した観光ができればと考えている。吉野川が一度濁ると一カ月は元にもどらない。時間的に濁りを早くとれないものかと考えている」（議事録をもとに作成）
地元の吉野漁協は、アユ釣り客に向けた情報をホームページに載せている。二〇一五年七月二十二日、吉野町飯貝の同漁協前で観察した記録には次のような文言がある。
「大迫・大滝ダムの放水により濁りがなかなか取れません！」

毎日新聞の栗栖健記者が二〇〇八年に著した河川文化の取材記『アユと日本の川』（築地書館）のなかに和紙づくり五代目という吉野町の伝統産業の担い手が出ていた。
この家では、九一、二年ごろから、和紙の原料のコウゾをかつてのように吉野川にさらしていないという。同書のなかで担い手は「大滝ダムの建設が始まると、泥水が流れてくるようになった。川底は、前は石だったのに細かい砂になり、足を入れると泥が浮いてつけたコウゾに付く。これはアユの味が落ちたと言われることとも、関係があるはずだ」と語っている。したがって、吉野川の伏流水と谷川の水を水槽に入れコウゾの皮をさらしているそうだ。

国や県は、ダムについていいことばかりを言うか。

大台ヶ原を水源とするきれいな水が奈良盆地を潤しています――。

吉野川分水を解説するこんな看板が、奈良県大和郡山市小林町の農地に立っている。川上村の大迫ダムから八十七・三キロの地点であることを看板は伝える。

吉野川の水は、このようにはるばる奈良盆地に送られてくる。

すなわち、水系の異なる大和川の支川と交わっている。

このため奈良盆地にいなかった生き物が、大和川水系の河川で確認されている。移入種という環境問題である。

私は二〇〇六年、大阪市立自然史博物館主催の大和川の特別展を取材した。わりあい多彩な動植物のすみかであることを興味深く伝えていた。そうしたなかで、「予期せぬ?侵入者たち」として移入種について解説をし、心に留めておいてほしいと呼び掛けていた。

吉野川分水の最初の通水は一九五六年に始まり、以来、少しずつ導水幹線水路の延長が伸びて、分水の工事は一九八七年に完了した。

かんがい用水として吉野川から奈良盆地にやって来るのは、六月十五日から九月十五日までの九十三日間であると、和歌山県と結んだ協定で決めた。稲作シーズンのこの時期、奈良県への補給水量は六千四百九十九万六千トンと定められた。

そこに予期せぬ侵入者たちが流れてきた。

　吉野川の水は、大淀町の下渕頭首工という施設から取水され、この水と最初に交わる大和川水系の河川は、奈良盆地の南西部を流れる曽我川の水系である。同川支流の今木川を通じて、アブラハヤやムギツク、ニゴイ、スジシマドジョウが曽我川に侵入している可能性があるという。

　同じ大和川水系の飛鳥川も、吉野川分水と交差しており、〇二年から〇五年までの調査中、イトモロコというコイの仲間が採取されている。この魚が奈良盆地にいたという記録はない。この魚たちは、人が間接的に放流したものになると学芸員は指摘する。


　ある意味、二つの侵入といえはしないか。吉野川分水は、大迫ダムなどの大開発を伴い、紀の川上流の吉野川の清流を侵した最初の大型構造物である。こんどは大和川水系に移入種という環境問題を送り込んできた。

　あれは九十年代の初め、大滝ダムの工事は転流が始まり、いよいよ現実味を帯びてきたころ、吉野川の水生生物を研究する御勢《ごせ》久右衛門を五條市の自宅に訪ねたことがある。

　河川の変化について意見を聞いた。

「シラサギの飛来が年々増えている」と御勢は言った。

　サギの類は、ヘドロに住んでいるヒルやイトミミズなどを食べるという。白い鳥たちの姿は、のどかで優美な様をしていても、汚れてきた吉野川の変化を如実に告げていると警告していた。

上流に稼働している大迫ダムの影響や大滝ダム工事の影響があろうか。

このころ、五條市役所の市政記者クラブに所属する新聞記者が、御勢の家に電話をかけてきた。

「先生、吉野川に白鳥みたいなのが来てますが！」と記者は切りだした。これはニュースだと、生物学者の御勢に談話を求めてきたのだろう。

まぁ落ち着きなさいと、御勢は言った。

「白い鳥がやって来るということは、まず河川の環境を心配してほしい」

赤い虫、黄色い花、白い鳥――。

いずれも河川の環境が悪化したシンボルであると、御勢は言っていた。黄色い花とは、五條・吉野川の右岸に咲くセイタカアワダチソウの類だったかもしれない。

# 第6話　ダム後遺症

古くから、歴史と文学の舞台として、特異な地位を輝かせてきた吉野にあって、東部の幹線、国道一六九号沿いはいよいよダム銀座の様をなしてきた。

できたばかりの大滝、そして古参の大迫の二つの人造湖を左手に眺めながら車で走り去り、川上村に別れを告げてほどなく進むと、またしても大容量の貯水池に出迎えられる。

日本有数の多雨地帯、大台ヶ原のふところ、上北山村《かみきたやま》。熊野川源流の当地もまた、ダム開発で辛酸をなめたものである。

一九六四年に完工した電源開発の池原ダム（本体・下北山村）の建設により、上北山村は百七十六世帯が水没した。

村に住む七十代の男性はこう話す。

「うちの父親が風呂敷包みにくるんだ札束を家に運んできたのをよう覚えとる。あれがダムの補償金だったんやな。いまなら数千万円ってとこかい。ダムのせいで人間は悪くなってしまったんよ。『反対！』と声高に叫んでいても、内実は、一円でも高く補償金を釣り上げようという魂胆が見え透いた人もおったわさ。補償地域に掘立小屋みたいなのを建てて、金をくすねようと一計をめぐらす者さえいた」

ダムの本体は隣村にできるのに対し、水没などの犠牲は上北山村の方が大きく、村政は反対を表明していた。

抗せず、貯水池が集落を沈め、だいぶ経ってからのことである。村の診療所に仕事で来ていた医療関係者がある人の耳元でこうささやいた。

「何だか人がとげとげしいね……」

男性の言う、補償金目当てに出没した真新しい建物は「新戸《しんこ》」と呼ばれていた。隣の川上村でも、大滝ダムの水没予定地にそれらしきものを見た人がいる。本体の着工に村が合意した一九八一年以降に、どうみても新築の一戸建てがあった。

墓地の〝新戸〟を目撃した者もいる。

八十年代の初めごろ、岐阜県徳山村の小学校に勤務する教員が、徳山ダム（二〇〇八年完成、水没・五百十一世帯）建設による廃村を惜しみ、村の歴史や文化、自然をテーマとする研究会を五年連続で開いていた。毎年、五十人ほどの熱心な参加者があった。

教員の考古学仲間で、参加者の一人だった大阪府教育庁文化財保護課の専門員、小林義孝（一九五三年生まれ）は、村落の独特な葬送に関心を持っていた。

村は長らく土葬の伝統を保っていた。それも河川敷に、である。豪雨の濁流にのまれて仏さんが跡形もなくなっていることは珍しくなかったという。

土地により、山の方に向かって念仏を唱えるところもあれば、上流あるいは下流に向かって拝むところと、追想のかたちはさまざまであった。

この地においても、ダムの補償金を増やそうとして、水没する家屋の玄関先に「参り墓」を建てている家を何軒か目にしたそうだ。

研究会の会場は、民宿であった。実直で気さくな女将が切り盛りをしていた。連れ合いは郵便配達員だった。

一行は毎年、この民宿に十日ほど逗留した。山里ということで、夕飯のおかずはローテーションが決まってくる。そろそろお客も飽きるだろうという頃に、女将は言う。

「地獄鍋しよかぁ？」

生きたドジョウを入れるそれとは違う。釜揚げうどんを醤油で煮て、安いウィスキーをちょっとさす。缶詰のサバの水煮を入れて出来上がり。

小林は言う。

「寒いときは妙にうまかったなぁ。どうして地獄鍋いうんかな。釜揚げやからかなぁ……」

土葬が営まれた河川敷も、新品の参り墓も、いまは跡形もない。


吉野の上北山村の話に戻って、くだんの男性は、こうも話す。

昔は美風として尊ばれた奉仕の精神が、どうやら希薄になってしまったという。

「近所の寺の草刈りを手伝っとったら、『檀家総代になりたいんか?』などと年寄りにいぶかれてしまった。空き缶を拾って、車いすと交換する運動に参加したときも、別の古老が『集めるといくらもらえるのや』と尋ねてきた。さもしさが身についてしまったのぉ。人が何か新しいことをすれば足を引っ張るし、そういう者に限って、大きな成功を収めた人にはくっついていく……」

同じ村に住む六十代の男性は言う。

「幼いころは、となり近所の家との境がありませんでした。いつのまにか、よそのお宅に上がり込み、おかいさん(茶がゆ)をすすっているという感じ。池原ダムの建設が具体化するうちに、立ち退き補償で金が絡むようになって、人々の交流が少なくなってしもうたわ」

事業の長さを大滝ダムと比較した場合、池原ダムは一夜にして出現した感がある。

西日本最大の揚水発電事業は、計画からおよそ十年で完成、工事はわずか四年半で終わった。貯水量は三・四億立方メートルに上る。

『下北山村史』はダム景気のようすをつまびらかに記録する。補償金が入り、工事関係の仕事が得られ、延べ七万人の労働者がもたらすにぎわいといったらない。商売が繁盛した。

地元の上池原郵便局の貯蓄高が急上昇し、全国表彰まで受けたという。同局の年間貯蓄目標が二百二十万円だったのに対し、一気に五千六百二十八万六千円（一九六二年）に脹れ上がる。パチンコ店、映画館、飲み屋、コーヒー店、時計店などが次々と開店した。しかし工事が完了すればそれまでの話で、六四年には潮が引くように、商人は続々と店を閉め、村外に転出していった。

おとぎ話のような、いっときの好況である。そこで何が起きたか。

家の鍵などかけたことのない村人の心のすきまに、悪徳業者がつけいるようになったという。農協や商店などがかなりの額の借金を踏み倒され、被害にあっている。暴力団がらみのトラブルも起きた。

こうした事実を村史は包み隠していない。

ダムがやって来た。反対したのは水没する一部の地区や筏の組合だけである。暮らしがぜいたくになった。この地方特有の杉皮葺の石屋根が姿を消していく。トタン屋根の普請がはやるようになった。

かつてのように、額に汗水たらして自家用の野菜づくりに精を出す人が少なくなった。戦時中、そして戦後まもないころ、懸命に開墾した畑は荒れるにまかされた。作ることより、買うことが先になったと村史は伝える。

ダム工事が終わって現金収入の「口」を失った人々は、大きくかわった消費生活を維持するために心をくだかねばならなくなった。

（『下北山村史』より）

池原ダムが完成しておよそ十年後、隣の川上村では、農林省の大迫ダムが貯水をはじめる。元川上村長、住川逸郎の手記を引いてみる。

川上の人は「人が悪い」と、よくいわれました。それはそうでしょう。生死の浮沈をかけた一生でただ一度の取引です。水没する人びとの補償交渉戦術は複雑で、巧妙でした。

（『大迫ダム誌』より）

「千載一遇」――。ある朝、バスの中で誰かがこんな言葉を口にしているのを住川は偶然聞いた。胸のなかに、太い釘が突き刺さる思いだったと書いている。

土地らしいものは、なに一つ持たないで、山主の支配を受けている山林労働者の身分から、自らを解放できるチャンスとして大迫ダムをとらえる、いわば悲願成就のとき、そういった重さを、この言葉が秘めていたからです。(同)

ダム建設を推し進めた国家の史員たちは、資産を持たない人間を味方につけていたことが、住川の回想によくあらわれている。

この人の文章は、一度読んだら忘れられない、味わいの深い筆致である。住川の人となりは後に述べる。

大迫ダムが完成した一九七四年は、後に続く大滝ダムにとっても、節目の年であったといえる。水没者でつくる組合が川上村内にあったが、国の補償案になかなか妥協しなかった。五年にわたる話し合いの末、とうとう物別れ状態になってしまう。このため建設省は、村内十四地区にわたる水没者たちと個別の交渉に乗り出すことになったのだ。

これがコミュニティに亀裂が走る最初のきっかけだったのかもしれない。

村民は語る。

「一体、誰がどれだけの補償をもらうことになるのか、さっぱりわからず、疑心暗鬼のような心境に陥った人たちがいたわな。当然、人間関係を悪くさせてしもうた。それからというもの、村のどこへ行っても、補償、補償という言葉が飛び交うものだから、流行語大賞みたいなもんやった」


ダム湖のそばで暮らす村民に話を聞いた。

「昔は、お隣さんにおかずをおすそわけするなんてことがよくあったわな」

——味噌や醤油を貸し借りする関係ってことですか?

「そうそう。近所づき合いがすっかり希薄になったわな。まぁ、わずか一メートルかそこら境界がずれただけで、すぐ隣の家は何千万円もの補償を手にするんやから、人間関係はぎくしゃくするに決まっているわ。今もいがみあっている。代がわりしないかぎり、仲直りするのは無理やろう」


雨をつかさどる神が川上村においでである。

雨師の神と言い、雨を降らせたり、雨を止めたりする。迫地区の古社、丹生川上神社上社に祀られている。由来は古く、古代より朝廷の崇敬を受け、祈雨、止雨の幣帛を奉納する使いが訪れたと聞く。

この境内もまた水没する運命にあった。

珍しい暖地性植物の自然分布がみられ、奈良県の天然記念物の指定を受けていた。

県橿原考古学研究所は当地で一九九八年度より、足かけ三年の発掘調査を行い、大規模な縄文遺跡であることが判明している。

同研究所によると、縄文時代早期の集落がかつてあり、同時代中期末から後期前半の遺構や住居のあとが発掘された。

さらに奈良時代から祭場として意識され、やがて平安末期から鎌倉初期ごろに社が造営された。いらいおよそ八百年にわたり、同じ境内で連綿と造替を繰り返していたことが、同研究所の調査で明らかになった。

文化財として相当な価値のある遺跡さえ、ダムは飲み込んでいく。

隣の村々では、紀伊山地の霊場と奥駈け道が世界遺産になって燦然と輝いている。

由緒ある雨師神のお社の移転は九八年に行われた。

この丹生川上神社の境内に迫地区の祭神をまつる末社がある。ダムの補償などをめぐって区が二つの地区に分裂して久しい。このため、年に四度ある末社の神事は別々にとり行われている。

開発というものがすべて、地縁をずたずたにするわけではない。

川上村のなかでも最過疎のうちに入る伯母谷《おばだに》地区をこのほど訪ね、気づかされたことがある。集落は、切り立つような山肌に小ぢんまりとたたずむ。玄関先で一軒一軒声を掛けてみるが、なかなか応答がない。どこかの家の庭先には、大きな鉄鍋が置きっ放しになっている。往年、これを囲んで人々の談笑があったのではないかと思わせる。

この土地は、大迫、大滝のいずれのダム建設にも直接の影響は受けていない。ループ橋といって、目覚ましい改良の成果を見せている国道一六九号の工事で三世帯が立ち退きとなった。全区民はとうとう二世帯になった。それでも年に三度ある祭礼のときには、橿原市などに移住した区民が帰ってくる。いつもの四倍の八世帯になって行事を営んでいる。

区長、上田一郎（七四）の方には、都会に出ていった子どもたちが孫を連れて里帰りする。おさなごは夢中になってトンボや蝶々を採る。色づいた落ち葉を大事そうに持ち帰る。

大型のダム建設によって、面倒な立ち退きを強いられる家々は全国にあまた存在する。なかには、伯母谷地区のような絆の再生が図られた土地は、ほかにもあるだろう。くだんの迫地区の分裂神事も、そう遠くない日に一本化するだろうという見方が地元で出ている。

しかし川上村白屋地区ともなると、国の見通しの甘さから、大滝ダムの試験湛水中に地すべりが発生した特異なケースだ。慌ただしい立ち退き騒動のうちに人々のつながりにひびが入ってしまった。

地すべりにまつわる行政の見舞金の類をめぐり、また、ひともんちゃくあった。

川上村が旧白屋地区民に交付した「生活再建対策資金」にまつわることで、村内にとどまる世帯には三百五十万円、これに対し、村外に出て行った世帯は百万円だけと大きく差をつけているのだ。

当然、不公平だという不満がくすぶる。

なぜ、こうなってしまうのか。

金の出どころを調べるため、私は奈良県の情報公開条例を利用し、関係する公文書はないものか請求してみた。すると、大元となる公金は、県庁が支出していて、大義は「大滝ダム水源地対策事業」なるものだということが二〇一五年、わかった。

金額に大きな差をつけたのは、村の意向であり、要綱に基づかせている。

「村に残る人が第一」と公言してきた大谷一二・前村長の政策が反映されていよう。大滝ダムの建設に多大な協力をした人物として、太田国交大臣より感謝状の贈呈を受けている。

連続八期の当選を果たした大谷村政は、水没者の生活再建に心を砕いた一面は、よく知られている。


むろん、手厚い庇護を与えることだけが、人々が村に残ろうとする動機をつくるわけではない。

村に住むある五十代の女性は、Uターン組の一人だ。若いころはキャリアウーマンという言葉がはやっていた。村に帰ってきたものの、自分の人生は本当にこれでよいのか、焦燥感を募らせていた日々だったという。

そんなある日、自宅の近くに咲いていた野イチゴを摘んで、パウンドケーキに入れて焼いてみた。都市の銘店のどこにも負けない、さわやかな味覚のスイーツができた。

こんどは野イチゴのシャーベットを作ってみたところ、出来合いのものとはまったく違う風味にわれながら驚いた。

村に陣取る二つの大きなダムは、村人が進んで誘致したものではない。そうではあるが、残された自然と丁寧につき合うことが、彼女にしかできない生き方であろうし、「静かな喜びが伴うものだ」と話す。

同じ世代の林業家で「梶本式」と呼ばれる優れた立木乾燥法をあみ出した梶本修造は言う。

「立木乾燥法は、季節をはずすと大変である。季節の動きは植物に聞く。村に残らないとできないことがある。空、雲、自然を自分の目で確認することだ」

威風堂々たるダムができたことで、ダムのない過疎山村よりは、交付金などが得られ、いまのところは財政にゆとりがありそうだ。文化振興や観光振興を目指した箱モノも色々できた。しかしこれがマイナスに作用することもあると、村内の自営業男性（五十代）は話す。

「何でも村まかせの風潮がはびこり、依存心のとりこになってしもうたみたいやなぁ。こないだも村内で大きな振興行事が行われたんやけんど、自主性を発揮して創意工夫のおもてなしをしようという動きが村民の間では乏しかったわな。国道沿いに花のプランター千個ほどを村が準備し、業者が並べただけで、人々は遠巻きに見ている、そんな感じやった」

文句を言ってもはじまらないので、彼はカレンダーのゼロのつく日に仲間たちと道路の清掃奉仕活動をしている。小さいことの継続が村おこしにつながると考えている。

大滝ダムの事業は、予備調査から完成まで実に五十三年の歳月を要している。

長すぎたダムの事業は、先延ばしの風潮を招いたのではないか、とみる村民もいる。たとえば、何か物事を決めようというときに、何かというと「ダムができてから……」との言葉が人々の口からもれたと振り返る。
五十年がもたらした倦怠感というのもあろう。
予備調査から十七年が過ぎた一九七七年四月には、「村民も村も飽きている」という疲労感めいたものが、村の『広報かわかみ』のダム特集にあらわれる。

……だらだらとけじめがつかないので、村も村民もあいてきていることは事実であり、とくに非水没者にとっては、迷惑この上もないことであろう。なにしろ有志以来の〝村難〟といってきたのだから、影響されることは非水没者とて例外ではない。しかし、非水没者はじっとガマンをしているのか、沈黙を守っている。あるいは水没者への思いやりの忍耐と沈黙であるかもわからない。

閉塞感という用語がかつてはやったけれど、何も都市部に特有の現象ではないことがわかる。八三年に村が編んだ『大迫ダム誌』は、次のように語る。

この村では三十年以上も発破の音と、ブルドーザーのうなりが絶えない。そして、今後もこの騒音がいつまで続くかもわからない。

水没前の寺尾地区（左岸）を北塩谷橋から写す

新世紀が目前に迫ってくると、大滝ダムの堤体がのし上がってくる。いよいよ完成かと目論まれた。

国の文書によると、二〇〇〇年十月の時点で、村内十六カ所の工事現場において、六十九台の建設機械が稼働していた。うち排ガス対策の不適合機械が四台見つかり、近畿地方整備局は請負業者を指導し、工事現場から撤去させていた。

美しい姿をあらわすことになる――。

そのころダム工事事務所は、大滝ダムの完成予想フォトモンタージュを作成し、解説パンフレットの表紙にかざり、自画自賛している。

このところ川上村役場では、村外に住んでマイカー通勤する職員が増え、村民の間で話題になっている。

「ダムができて良うなったのは道路だけちゃいまっか」

ある地区の役員はこう話す。この人は日ごろ、村が進める空き家の活用策などを評価しており、良い施策は良いという人だけに、これは本音だろう。

旧国道は水没し、代わりに付け替えられた新国道の開通によって、村の道路事情は格段に良くなった。併せて、京奈和自動車道などを使えば、県内第二の都市、橿原市方面に居を構えて村に通勤することはわけない。

これは考え物であると、村議の一人は議場で苦言を呈している。

「村役場の職員さんが家の近くに住んでくれているだけで、お年寄りたちは安心なんですわ」

これ以上、村外に住む通勤組がはばをきかせるのは賛成できかねるというわけだ。

役場も黙認しているわけではなく、対策を講じている。強制することは法的にできないにしても、村内に居住することを条件にした採用を二年連続で試みている。二〇一六年四月には、三人がこの条件をのんで村役場に就職した。

川上村の隣、上北山村の西原という土地で、通行中の乗用車一台が大規模な土砂崩れに巻き込まれ、車中の三人が生き埋めとなって死亡したのは二〇〇七年一月のことである。

時刻は午前七時半ごろだった。

このとき、間一髪で難を逃れた後続車両の数台は、村役場に通勤中だったという風聞が立った。

西原地区は村の入り口に当たり、役場のある河合地区まで五キロほど離れている。村外に住んで、役場に通う職員が少なからずいることを物語る。

この土地とて、国策の電力ダムの開発によって変貌し、国道改良はめざましいものがある。

村民は言う。

「教育委員会に務めとるもんまでが、国中《くんなか》（奈良盆地の異称）に家を建て、息子をそこの学校に通わせとったたっちゅうやないか。しめしがつかんよ」

大滝ダムの試験湛水中の地すべりで橿原市内に移転した前出の森林組合長、南本も、川上村迫地区の組合事務所に毎日、マイカー通勤をしている。

人々が村外に新天地を求めざるを得なかった複雑な経緯ははじめの方で書いた。冗談半分、南本は苦笑して言う。

「もうちょい山（林材業）の景気が良かったら、村に踏みとどまっていたかもしれまへんなぁ」

確かに国道一六九号は、ダム建設と軌を一にするように目に見えて改良が進んだ。

人が出ていく話ばかりではない。

ダムで水没し、橿原市菖蒲町という土地に移転した山林労働者は、郷里・川上村の民有林の仕事を請け負い、通勤していた。

これも都市近郊に開発されたダムのひとつの実相であろう。

林材業を営む村人は言う。

「うちの家を車で出て、電車を使うと、大阪や京都まで片道二時間の道のりやで。首都圏なら埼玉県の熊谷、神奈川県の小田原から都心の企業に通う時間と同じよ。みんな、是が非でも川上村を出ていかなければならんかったんか。ムラなんか住むところではないと、なんか、わざわざ自ら壁をつくって出ていってしまったように思うわな」

通えますよ、ここから都会の企業に……と力を込める。

村のよいところを進んで見つけ出さない限り、残された者はやっていられない。


せめて全国のダム好き、ダムマニアの人たちに村にもっと足を運んでもらい、温泉やホテル、アマゴ釣りの行楽施設などにどんどん金を落としてもらおうと、残された者たちは思う。事実、「巨大ダムが放流するシーンがたまらなく好きだ」という声を、大阪市内で聞いた。

ダムの構造物を愛好するファンに呼応するように、国土交通省や水資源開発機構などのダムは、ダムの訪問者に「ダムカード」という写真入りの記念品をプレゼントしている。

大滝ダムのカードをダム愛好者に受け取ってもらおうと、宣伝文句には、こうある。

〈樹と水と人の共生を目指すダム〉（国土交通省のホームページより）

完成すれば、すぐにダム湖はマリンスポーツでにぎわい、水辺のレジャーランドに変身するものと期待を寄せていた川上村民もいる。

国交省の「地域に開かれたダム事業」のイメージ（二〇〇七年）はこんなイラストが描かれている。

あざやかなブルーの湖面にのんびりとヨットが浮かぶ。えん堤の遊歩道で犬を散歩する人や幼子を自転車に乗せて通り行く若いお母さん。さわやかな放流の光景……。

実際のところ、水を貯めた大滝ダムの現実の姿とは、やはり異なる。

観光面において、地元で不満がくすぶっていることがいくつかある。

治水を主要な目的とするダムである以上、秋の行楽シーズンは台風に備え、水位がぐんと下がる。数字の上では昔から示されていたことなのだが、実際、人造の湖が出現してみると、思ったより水位が低く感じられ、むき出しの岩肌が少々荒涼とした印象をもたらす。

村おこし塾のメンバーが近畿地方整備局長に「夏と秋にもう少し水位を上げてくれませんか」と直談判したが、肯首されるはずはない。

もうひとつ、村民から不満を聞いた。

大滝ダム貯水池の右岸の整備が不十分という思いだ。「対岸道路」と人々は呼んでいる。村の幹部だった元職員の男性は振り返る。

「建設省は、対岸道路を整備すると約束したんやで！　文書だって役所にあるはずだわ。なので、大滝ダムの竣工式（二〇一三年）は違和感を持ちました。対岸道路の整備ができていないのに式典というのはいかがなものかと。ここが活用されれば、ダム湖に沿ってサイクリングやジョギングもできる。観光振興に役立つはずだ。竣工式を急いだ理由は何なのか、と考えました。水没者対策に努力し、勇退する大谷村長の花道だったのかと推測しました」

元幹部は「約束違反」だと怒っている。どういうことなのかと私は国や村に照会したが、明瞭な回答を得られなかった。

まずは国交省の紀の川ダム総合管理事務所に対し電子メールで尋ねた。吉野川の下流の五條市というまちに事務所がある。総務課長という人から電話がかかってきて、「ダム完成の式典をもって、国と村は合意している」と言った。

近畿地方整備局にも問い合わせたが、河川計画課という部署から私のメール宛てに次のような回答があった。

「建設当時における村との約束については、課題を残しておりません」と、そっけない。

不可思議である。元村課長の辻井英夫（前出）の著書にも、「（国が約束した）周遊道路ができていない」と不満をもらすくだりがある。

　このダムは、事業着手から完成までの間、半世紀もの歳月を費やしている。あまりの長期の事業のうちに、村長は四代も替わり、村議たちも新旧交代が進んでいく。そうこうしているうちに、国との約束ごとなども色々な変遷をたどったはずだが、十分に整理されておらず、村民によく伝わっていないのだと思う。

「五十年は長すぎた」と語るのは、大滝ダムの建設で立ち退きになった元村民である。

「ダムさえなければ、村民同士のいがみあいなんかなかった。みな、ええ人やったんよ。どこにでもいるおっさん、おばはんやった。ゴネ得があったり、あの家の補償は高いとかどうのとか。もう忘れたいですね。いまは年寄りばかりの村になり、いやなことは胸にしまって静かに暮らしてんのよ。何も言いたくないんよ。ところであんた、こんなこと本に書いてどうすんの。やめてほしい」

　八選の村長、大谷の片腕だった能吏が、現村長の栗山忠昭である。ダムの完成が近づいてきた二〇一〇年六月、当時は副村長だった栗山を私は訪問し、談話を記録している。

　この年から私は、本書の取材に集中する予定でいた。しかし別のテーマの二冊を刊行する仕事が入り、四年間、川上村のルポを中断していた。

副村長の栗山と面談した当時は、政権交代が実現した翌年に当たる。

「コンクリートから人へ」の民主党の政策が国民の支持を受け、全国百四十三カ所のダム事業の見直しなどに言及していた。

事業が異様に長引いている巨大ダムの代名詞として、「西の大滝、東の八ッ場」と言われる。こちらが伊勢湾台風なら、向こうはカスリーン台風といって、もっと昔の戦後まもないころの災害を契機としている。二つのダムを合わせて百年間の事業期間ではきかない。

前原誠司国交相は就任して数時間のうちに「八ッ場ダム中止」の声明を出し、話題をさらう。それまでは「やんば」と正確に読み下されることのなかったダムである。これを境にして全国の人々が正しく発音するようになった。波紋の大きさが知れよう。

群馬の中止騒動がこちらにも飛び火しないか、副村長の栗山は案じているふうでもあった。

「ダムなしの村政など現実的にありえない」と、栗山は考えている。

八ッ場ダムの地元、長野原町の高山欣也町長（当時）の意見が、そのころの雑誌に出ていた。

……もともと、ダム建設には住民全員が反対でした。それが長い反対闘争の間に切り崩しにあって、兄弟でも賛成反対に分かれて、本家と分家が行き来しなくなり、親戚間でも口もきかない、そういう状態になりました。
しかし、どんなに反対闘争を続けても、建設省（現・国土交通省）の姿勢は変わりません。その間、建設省の担当者は次々に異動していきますが、反対闘争する住民にはそれがないわけです。このままでは、孫子の代まで反対闘争が続くことになります。それでいいのかということで、群馬県が建設省との間に入り、第二次土地利用計画を一九九二年に提示してきましたので、下流都県のために、ダム湖畔での生活再建を条件に「止むなく」了とし、ダム建設を認めました。（以下略）

（『都市問題』二〇〇九年十二月号、特集「ダム建設の是非を考える」より）

村人たちがじわじわと真綿で首をしめられていくような話だ。当の役人たちは、次々と異動で代わっていく。

自称、ダムの用地屋、前出の河田耕作が小論で書いていたが、川上村の各地区において、物事を決める際に旧家が一定の権限をもつような土地では、次の文献を必読書として用地の交渉に臨んだという。

『にっぽん部落』（きだみのる）、『恥の文化再考』（作田啓一）、『菊と刀』（ルース・ベネディクト）、『タテ社会の人間関係』（中根千枝）

村人の心理は深く検証されていたのだろう。

くだんの白屋地区の地すべり裁判では国が負けたが、国交省から何か謝罪があったかと旧区民に尋ねたところ、「そんな塩らしい官庁ではない」と言っていた。


奈良県十津川村出身の元建設官僚、前田武志国交相が八ッ場ダムの事業再開を決めるのは、町長高山の声を載せた雑誌が出てから二年後のことである。


栗山とは十数年ぶりの再会であった。

富山県の白岩砂防えん堤が国の重要文化財に指定され、とてもうれしいと話していた。昭和十四年に施工された現役の土木遺産である。

コンクリートのえん堤のなかには、後世に輝きを放つ技術と景物が存在することに、栗山は何がしかの救いを感じているのだろうと思われた。

前後して村民から聞いた話だが、明治生まれの老人のなかには、ダムを近代的な好ましい構造物ととらえ、「高台に住んで、上から大滝ダムの貯水池を見下ろしながら暮らしたい」と望んでいた人もいた。

雑談をしているとき、栗山は突飛なことを言っていた。

「大滝ダム建設工事事務所の所長は、黒塗りの専用車で村に来てほしいんや」

工事事務所は二〇〇三年まで、隣町の吉野町河原屋《かわらや》という土地にあった。所長はいつも黒塗りの専用車で村に乗りつけて来たという。いまは五條市三在町の紀の川ダム統合管理事務所に移り、所長の専用車はない。

立派なダムをつくらせてやったではないか。威厳をもって堂々と村にやって来てほしい。そんな思いが栗山の言葉から感じられた。

ふと、水没の補償で建てられた元議長宅の豪壮な構えを連想した。黒光りをして国道の前に踏ん張っている。われわれはダムに翻弄された可哀想な者ではない。ダムで焼け太った成金でもない。言葉では簡単に言いあらわすことのできない重いメッセージを満身で放っているように映る。水没者たちを率いて「補償交渉の達人」などと村民から評されたが、前にも述べた通り、いまは入院中で話が聞けない。

栗山が若手職員だった二十代のころ、「大滝ダムの計画は、村にとっての死刑宣告である」と深刻に受け止めていた。

役場に入って五年後の七四年、村にひとつの転機がやって来る。

「水特法」と略される、水源地域対策特別措置法が制定されたのだ。ダムの立地に協力した自治体に対し、開発や生活改善などを財政面で国や県が後押しする仕組みが出来上がった。

それを契機として栗山はダムを肯定するようになった。というのが公人としての談である。

それに引き替え、すぐ上流の大迫ダムは、「水特法」ができる前の年に竣工してしまう。水没者碑の除幕式を当時の村長、議長が欠席したのは、地すべり発生後の仮締め切り工事強行という国の姿勢だけでなく、貧乏くじを引かされた、との不満もあっただろうか。

その証拠に、一九七〇年六月、『広報かわかみ』は、大迫ダムの公共補償が決定したことを伝える紙面で、「村の意図におよばず」と、無念の思いを見出しにつけている。農林省との間で落着した公共補償金額は、二十八億円の要求に対し、わずか三億二千五百万円であった。


やがて新法ができ、観光振興を期して村内に箱モノの類が続々と建設されていく。九〇年代、栗山は村営ホテルに出向し、支配人を六年間、務めている。

事業費に十一億円をかけた温泉つきのホテルである。浴槽には樹齢およそ二千年の古代ヒノキを使い、ヒマラヤの近辺で調達したものであると話題になった。

「どこの村も温泉を掘り、観光開発に躍起になっていた。しかし自治体間で過当競争になり、どこともも同じことをやってみな苦戦してしまう。でもな、ほかに方法はなかったんよ」

# 第7話　手切れ金

おびただしい人煙の跡を潰し、出現した貯水池は「おおたき龍神湖」と命名される。村人の間では「手切れ金」という言葉が流行している。大滝ダムの工事が済んで、国からまとまった金でも入ったのかと私は思った。ある林業家は、その額は五十億円に上るだろうと言い、ある村議は二十一億円だと話す。

手切れ金というのは何のことですか？と村役場の課長に尋ねたが、何も言わない。紀の川ダム統合管理事務所にも照会したが、「聞いたことがない」という返事だった。

臨時の特例的な交付金が発生したことをにおわせる。

村民はさめた調子で「手切れ金」と呼ぶ。そこには、重苦しいダム工事がやっと終わったのだという特別な感慨が込められているのではないか。

村政の表看板は現在、コンクリートのダムと共生する方針をかかげている。いわば国家のダムのパートナーである。しかし、あの言葉の深層には、異常に長期化したダム事業に対する人々の倦んだような感覚が感じられる。

各方面を尋ねていくうちに、「手切れ金」とはすなわち、二〇一二年、国交省・近畿地方整備局が川上村に渡した山林保全事業の費用、二十七億八千百二十七万七千円であることがわかった。

大滝ダム竣工式の一年前、そんな金のやり取りが行われていたのだ。

川上村はこれまで、水特法による手厚い財政援助によって、文化ホールなど箱モノ建設ラッシュの感があったが、それとはまた違う仕組みのようだ。

近畿地方整備局の担当者によると、「ダム周辺の山林保全措置制度」と言うそうで、二〇〇〇年度に創設した。

山林保全の公務と言えば、林野庁や県庁の林政課などの施策を連想するが、国交省のそれは初耳だ。聞けば、生活道などがダムの湖底に沈むことにより、土地の上方に付け替える費用が発生するが、その代わりに、山林の買収や山林の保全に充ててもよろしいと国は認めたのだという。

ダム事業を円滑に進めたいという国の狙いがありそうだ。

村民が言う「手切れ金」を活かし、村は所有林を増やしている。

ここ川上村の美林の所有形態は、よその県の林業事情とは異なり、昔から村外の地主によって多くを占められている。

元村長、住川逸郎の生家

川上村政はかなり早い段階において、大滝ダムの条件闘争に転じていたことはすでに述べた。

ときの村長、住川逸郎が一九六四年、奥田知事に出した公文書のなかに、大胆な要求があった。端的にまとめると次のような主張だ。

「ダム建設の見返りとして、われわれが考えている開発とは、大土地所有者である大林業家たちによる間接、または直接支配から村民を解放することである」

農地解放というのは、日本史の教科書に必ず出てくるが、林野解放という話は聞いたことがない。

規格はずれの、スケールの大きな闘争を住川は構想していたのか。

その年の五月、村長、住川が住民連絡協議会という会合であいさつした内容の一部は次の通りである。

村長としてダム建設を阻止したいが、現実はこれ以上抵抗するのはむつかしい。どうしてもやられるなら、また同じやられるなら、お互いに「得」をする考え方をとって前向きの姿勢をとる方がよく、新しい組織を作ったのもこれに起因する。結論として、現状のままでは賛成できないダムだが、阻止できない現実に対し、あやまりのない対策を全員体制のもとに進めよう。

（収録、『大迫ダム誌』）

「どうしてもやられるなら、また同じやられるなら……」というくだりに、追い詰められた長の切実な肉声がよみがえってくる。

住川逸郎は、どんな思いで「解放」という主張をしたのだろうか。

人となりを知ろうと、生家が残る武木《たきぎ》地区を二〇一五年夏および翌年早春の二度にわたり訪ねた。

地理的には、地すべりで消えた白屋地区の東隣にあたる。山道をうねうねと車で登っていくと、深山の趣のなかに古い集落がたたずんでいた。

屋根に「煙出し」を乗せた古風な木造民家が目につく。ある家は昔、養蚕をしていたと言い、

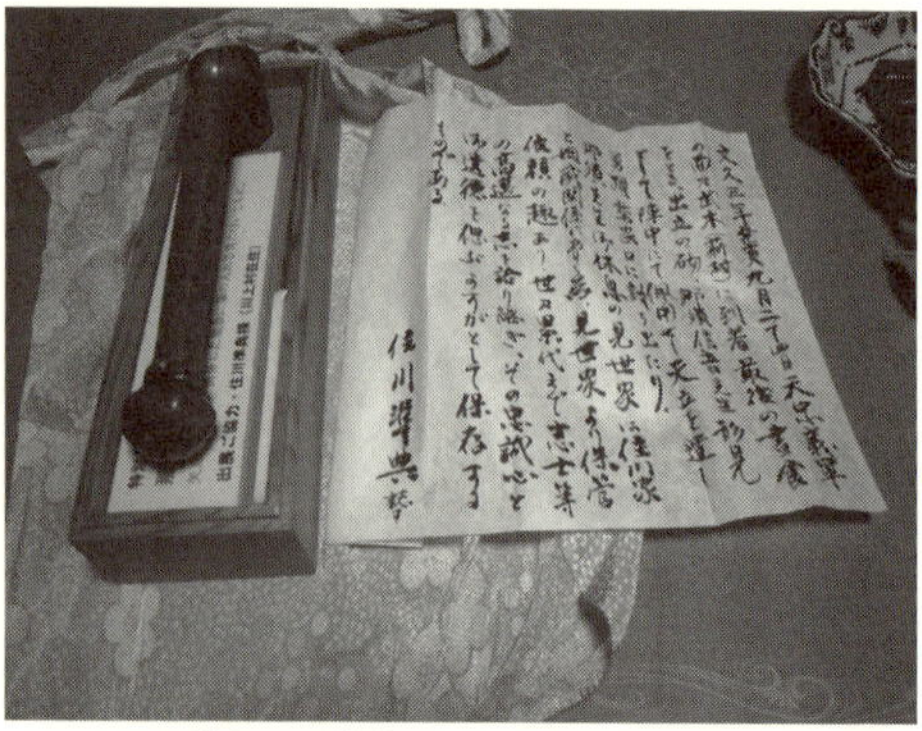
天誅組の那須信吾より贈られた矢立

壁面を杉皮でおおっている。

ここまで来ると、居丈高なダムの存在を忘れることができる。

もし古き良き川上村の生活景観を訪ねようと思うなら、どんな地区にせよ、上へ上へと登って行けばよいのだ。

住川の亡き後、生家は甥の準典（一九三一年生まれ）が守っていた。

聞けば、日本史の舞台のそでにあるような土地であった。

武力倒幕運動による先駆けと言われる天誅組は、敗走する途中、ここ武木で休憩をしている。

一行は分散して民家に上がり、昼食をとっている。住川の生家でも何人かが昼ご飯を食べた。軍監の志士、元土佐勤王党の那須信吾が村人へのお礼にと、愛用の矢立（携行用墨筆）を贈っている。矢立は住川家の親類の手で守られ、いまは準典のもとで大切に保存されている。

一行は足之郷峠を越えて敗走し、ほどなく隣村の鷲家《わしか》（現・吉野郡東吉野村）で鎮圧された。そこに天誅組最期の碑が建つ。

もっと古い伝承になると、住川家は筋目《すじめ》と呼ばれる旧家である。後亀山天皇のひ孫にあたる後南朝の直系、自天王（北山宮）の悲劇の最後に援軍としてはせ参じた者たちの末裔の家系という。

あたりは全国屈指の人工美林地帯だ。

川上村の林業の起こりは十六世紀の初めと言われる。しかし早くも江戸期の元禄のころ、豊かな山林が村外の商業資本家の手にわたるようになっていったと『大迫ダム誌』は伝えている。

これこそ、住川の唱えた「解放」と大いに関係することに違いない。

哀しいかな、地元に造林地を所有し続ける経済力を欠いたため、そのほとんどが大和平野（奈良盆地）をはじめ、京阪神、遠くは首都圏の商業資本の手にわたってしまったと同書は語る。

なんと、川上村の林野面積の九十％近くが村外の人の手にあるという。

前にも述べたが、この村から全国に誇る優良材が産出されてきた重要な背景として、独特な山《やま》守《もり》制度が貫かれてきた。

おもに資本は村外の地主たちが提供し、山で木を育てる経営は地域の有力者である山守たちが担った。

その末端に、たくさんの山林労働者がいた。「山行き」とも呼ばれ、巨木を相手に熟練を要し、高い技術と荷重な仕事で知られた。

もしや、住川の目線は、こうした労働者たちに向かれていたのだろうか。

ダム建設と引き替えに何をなしたかったのか。


住川が世を去ってからおよそ三十年になる。

当人を苦しめた大滝ダムは、つい先ほど完工したばかりだ。いかに長々しい事業であるか。

甥の準典は言う。

「おじの思いはわかりますよ。林野解放というのは、当時の川上村の人たちがみな抱いていた切ない思いだったのではないでしょうか。うちの近隣の山林だって、昔は、みな村人のものやった。区有林も含めての話ですけれど」

準典が幼いころのことだ。

村中、どの土地へ行っても、在所在所の古老たちは近所の山塊を指さし、家族にこう言ったものだ。

「この山は、うちの山やったんよ」

「あの山はのう、昔はうちの山。いまはよそ者の山」

同じ吉野林業地帯の黒滝村や東吉野村については、人工林に占める村外地主の比率は、川上村ほどは高くない。

「しょせん、他人の土地よ……」という意識が人々の深層のどこかにあるかもしれない、と元役場職員は話す。

ダムの見返りとして住川逸郎が林野の解放を唱えてから四年後のことだ。村有林の競売入札をめぐる談合事件の責任をとり、村長を辞職するに至った。道半ばの一九六八年のことであった。

村史には、一身上の都合で辞職、とのみ記されている。

「やり残したことがたくさんあったはずです。おじは、さぞ無念だったと思う」

住川が辞任する二年前、同世代の土倉祥子が著した『評伝土倉庄三郎』（朝日テレビニュース社刊）のなかに、林野解放についてのくだりが少しある。

このころ、国有林の解放が話題になっていたようだ。吉野林業地帯は民有林が中心であり、直接の関係はない話にせよ、祥子によると、戦後の農地解放とともに、山林解放も予期されたという。しかし「山林はあとの経営に莫大な費用がかかり、技術的にもむつかしいので難行している」と書いている。

叔父、逸郎の心を準典はこう読む。

「どの山を見ても村外地主ばかりの現実。叔父の思いは、『夜明け前』に描かれた哀切とも共通するところがあるでしょう」

木曽路はすべて山の中である、で始まる島崎藤村の長編小説である。インターネットのサイト「あらすじ図書館」によると、ときは幕末、中仙道の木曾馬籠宿で十七代続いた本陣・庄屋の当主、青山半蔵が主人公である。

半蔵は下層の人々への同情心がつよい。山林を自由に使うことができれば、生活はもっと楽になると考え、藩を批判する。維新になっても理想を裏切られ、明治政府に嘆願したことが裏目に出て、戸長の職を失う。憂国の歌を記した扇を天皇の行列に「投進」し、罰金を科せられる。ついに心を病んで故郷の寺に火を放ち幽閉されてしまう。

「わたしはおてんとうさまも見ずに死ぬ」。半蔵のせりふである。

ここで住川の経歴を少し紹介しておきたい。

国家が突きつけてきた巨大ダムに対し、ほどなく条件闘争に転じた凡庸な首長とかたずけられてしまう前に、ダムの権力と対峙した一人の人間として、記憶にとどめたいと思うからである。

一人息子はすでに他界しており、その半生は、甥の準典に聞き取りをした。

住川は京都大学経済学部を卒業し、東京市（当時）の職員に採用され、収納課に務めていた。一九〇八年に川上村武木で生まれた。同世代の奈良の著名人に宮大工、西岡常一がいる。

三八年に旧満州に渡り、奉天公署に勤務し、ほどなく満州重工業株式会社に入社した。翌年、東辺道開発公社人事課に給与主任として赴任。四一年には満州飛行機製造会社の調査課長に抜擢され、労務課長監査役などを歴任した。

二年後に川上村に帰ってきた。かの地で若妻が病死してしまい、住川も空襲を受け、負傷したためだ。後に、よく事情を知らない人から「シベリア抑留を免がれた幸運児」と言われもした。戦局はいよいよ悪化しようとしていた。

帰ってくると、村は非常な食糧不足に陥っていた。

四方が杉、ヒノキの針葉樹ばかりの林業村で、農地の開墾は困難を極めたという。その頃、甥の準典の家では、大黒柱の父・龍三が兵隊にとられていた。住川は懸命に田畑を開墾し、準典母子の暮らしを助けたそうだ。

準典の母は、食糧の米を得んがため、嫁入り道具の着物類を風呂敷に包み、木炭バスに揺られて国中《くんなか》（奈良盆地の別称）に向かう。

行き先は橿原市や御所市などの農家であり、母はひたすら頭を下げながら和服を差し出すのだった。

現代においても、川上村と奈良盆地は因縁浅からぬものがある。

水源地として、上水道や農業用水の大義をかかげたダム湖の水が、はるばるかの盆地に送られていく。

公選による第一回の村長選は一九五三年に行われた。冨田鏡一という人が当選して一期だけ務め、次の四年後に行われた選挙で住川は当選した。公選の選挙制度ができる以前にも、三十九歳で村長に抜擢されたので、返り咲きである。

二期目の住川村政がスタートして二年が過ぎようとしていた。

五九年九月二十六日のことだ。

その日の午後六時すぎ、非常に大きな勢力をもった台風十五号が和歌山県潮の岬西方十五キロの地点に上陸した。伊勢湾台風と命名される。

その名の通り、東海地方の木曽川河口域を中心に甚大な被害をもたらしただけでなく、紀の川上流の吉野川流域においても深刻な爪痕を残した。

川上村内の死者・行方不明は七十二人に上った。ことに高原地区では山津波が発生し、区民ら五十八人が死亡する大惨事となった。村史によると、山津波の規模は高さ二百メートル、幅百メートルにわたり、泥の海が瞬時にして人々を飲み込んだという。

台風が来襲する数日前から雨が降り続いていたと言い、地盤を少しずつ柔らかくしていた。破損した村内の道路は九十九カ所、壊れた橋は二十四カ所に上った。村は壊滅的といっても過言ではない被害を受けたのである。

林業が打撃を受け、多くの山林労働者が収入の道を絶たれてしまったそうだ。

川上村内の山崩れ現場は、四百六十カ所にのぼった。


そこに急浮上してきたのは、下流の治水をかかげた巨大ダムの建設計画である。

すでに大迫ダムという代物が吉野川に陣取ろうとしていたのに加え、輪をかけて大型の大滝ダムに川上村は包囲されていく。

伊勢湾台風後の復旧もままならないうちに住川村政はダムに振り回された格好である。

国や県に対しては、ぬかりなく要望や申し入れを突きつけなければならないし、村民に対しては、丁寧な説明会を日々、開かなければならない。

住川は、次のような文書を国や県に出している。

「ダム建設に伴う不安事項の要望についての取扱について」(一九六六年十一月八日付、奈良県企

画長宛て）
「大迫ダム工事に関連する国道一六九号線の付替工事中に発生した事故と、これに由来する村内下流住民の不安等について」（六七年三月二十三日付、近畿農政局長および近畿地方建設局長、知事、県会議長宛て）
「大迫ダム工事に起因するダムサイト左岸山林地すべりの危険について」（同年五月二十二日付、知事宛て）

霞ヶ関から降ってきたダムという難事に忙殺され、住川はよく本会議を欠席したそうである。その都度、各課長に答弁を任せたわけだが、かなり重要度の高い事案についても、管理職の裁量に委ねたこともある。信頼し、若手の管理職を育てる好機と考えていたようだ。あまりに重要な決定を一任された側は「すごいもんやな」（中西恒・元企画課長）と妙に感心していたほどだ。

住川が当時の奥田知事に宛てた文書のなかに、福沢諭吉の言葉を引用しているくだりがある。

〈愚民の上に苛き政府あれば、良民の上には良き政府あるの理なり〉

われわれ川上村の者たちは愚民でありたくないものだと、住川は心中を知事に明かしている。ダム建設と引き替えに、「正しく開発されなければならない」とも訴えている。降りかかる難事の渦中、「正しい記録を残すことが、もっとも重要だ」(『大迫ダム誌』)とも知事に投げかけている。

現代で言う公文書管理の先がけ的な考えを住川はもっていたのだろう。

人々の村外流出は止まらなかった。

大滝ダムの建設により、出ていく村民は四百世帯であろうと、工事事務所の用地第三係長、前出の河田耕作はふんでいた。

「後日想定どおりとなった」と河田は綴っている。

年収が百万円かそこらの山林労働者などは、補償金を示せばすぐに出ていくだろうと値踏みされていたと言われる。

戦後、山村の人々の心にわき起こった強烈な都会志向は、大型ダムの推進者にとっては、都合のよい世相だったに違いない。

おりしも高度経済成長の時代と重なった。大量の労働力を確保しようと、都市は手ぐすねを引いて待っていたのだ。

ダムが過疎に拍車をかけた、とよく言われる。

確かにそうである。そして日本の山村というのは、社会構造のなかで、もともと過疎になりやすい体質をもっていた。

こんなエピソードがある。

奈良県の旧村に住んでいる人から聞いた話だ。戦後の市町村合併の時代、自分の住所が「添上郡東里村」から、れっきとした奈良市に変わり、「手紙を書くのがうれしかった」と言うのだ。

廃村バンザ〜イという心もちか。

川上村のある壮年は、若いころ、百貨店でためらいを感じたと聞いた。

「贈答品などを買って郵送を依頼する際、どうも自分の住所を奈良県吉野郡川上村と書くことは格好わるいことだと感じた。同じ奈良県でも高市郡明日香村なら格好がつくと思った」

文化財に囲まれた有名なムラなら肯定できるという感覚であろうか。

自ら村を嫌い、卑下する人間が多いほど、ダムの権力には好都合に違いない。

川上村の人口のピークは一九五三年の八千五百人である。それが七〇年代の中ごろには五千人に減り、八〇年代には三千人になり、いまでは千三百人ほどである。

住川逸郎さえ、晩年は村を出て、京都市内に転出してしまった。

首長経験者自らが過疎化の一因子になったのである。

一人息子が若くして病死し、しばらく失意のどん底にあったと聞く。学生時代に親しんだ京都で旧知に囲まれ、その地で余生を送ろうとしたことは、だれも引き留めることのできない話である。

次の村長を出した南本家も、大滝ダム試験湛水中の地すべりで村外移転を余儀なくされた。さかのぼれば、近代林業のパイオニアと呼ばれた元村長、土倉庄三郎の子孫も村にはいない。村長を輩出した旧家が離村する傾向は「川上村のジンクス」と呼ばれている。

村長を辞職して十三年後、七十三歳になった住川に、往年の部下たちが原稿を書いてほしいと頼んできた。

もうすぐ『大迫ダム誌』が完成するので、巻末に元村長の所感を載せたいという希望であった。

住川が寄せた文章は、国家のダムと向き合った一人の首長の思いがよく伝わってくる。すでに本書で引用したくだりもあるが、全文を掲載したい。

「吉野川分水史」が昭和五十二年三月に奈良県から刊行されました。これは「十津川・紀の川総合開発事業」のぼう大な記録です。

当時の奥田奈良県知事は、序文で「事業完成を記念して、この大事業が完成するまでの先人の苦労や、事業の経過などを、長く後世に伝えるため」と書かれています。当然、そうあるべきで、結構なことです。しかし、川上村は、この事業の被害者の立場にありました。ですから、この分水史を、どうも素直に読むことができませんでした。いわば意地悪く読むことになります。五五〇ページにおよぶ、この記録を、克明に読む必要もありません。川上村、大迫ダムに関するところを、これはできるだけていねいに拾い読みました。

率直に申しますと、この分水史は、事業の大きさと、事業の実施者側の苦労を語るに急なあまり、本当に苦しみ、迷惑を受けたのは一体だれなのか、そういうことに対する配慮に欠けているように思われます。この分水史に限らず、多く書かれた歴史というものは、その当時の支配者のためのものだという考え方がありますが、ここでも、それが確認できると思います。

一言でいいんです。水没した人びとには、とくに迷惑をかけたというねぎらいと感謝の言葉があれば、この記録はもう少し読む人の心を打つはずです。全戸水没した入之波集落の記録が、わずかに二ページで片付けられているのを読んで、ちょっと暗然とした気持ちになりました。

水没した人びとのうちには、補償金を何百万、何千万と取ることを「千載一遇」の好機として迎えた向きもあったことは事実です。ある朝、バスのなかで、「千載一遇」という言葉を聞いたとき、私の胸に太い釘が突きさされる思いでした。土地らしいものは、なに一つ持たないで、山主の支配を受けている山林労働者の身分から、自らを解放できるチャンスとして大迫ダムをとらえる、いわば悲願成就のとき、そういった重さを、この言葉が秘めていたからです。

宿命的な山林労働者の立場からは解放されたけれども、夢に描いていた生活再建が、それぞれできただろうかどうか。入之波残留一六世帯の新しい集落を訪れるたびに、そんな思いに取りつかれます。川上の人は「人が悪い」と、よく言われました。それはそうでしょう。生死浮沈をかけた一生でただ一度の取引きです。水没する人びとの補償交渉戦術は複雑で、巧妙でした。補償項目などもよく研究していました。ですが、役場も、お役人に組するものとして、水没する人びとから敵視されたのには、面くらいました。公共補償が優先するそうだ。そのため、個人補償では役場が敵側にまわるんじゃないかという憶測があったようです。

公共補償といえば、ダムサイト直上流で起きた大規模な崖錐すべりを抜きにしては語れません。もともと大迫ダムの建設地帯は、地質的に不適当であると、私は信じていた一人です。この地質の問題について、県庁舎内で名古屋大学の志井田教授の解説を聞いたことがあります。農林省も県の吏員も同席した席上で、教授は、ダムサイトの適不適について断定的には言及されませんでした。言及されなかったことによって、私はなにかしら救われた思いをしたことを忘れることができません。

今から思えば、この崖錐すべりをダム反対の最後のよりどころとして、後世に残るような公共補償を要求するべきでした。昭和四十四年の春、ダム本体工事につながる仮締め切り工事を阻止しようとして、二度にわたって反対住民は現地に座り込みました。しかし、本質的な問題に触れることもなく、村内の治安上の不安とか、資材運搬に伴う交通障害対策といった次元の異なる補償に置きかえられてしまったのは、残念というほかありません。農林省も、奈良県も、この問題には直接答えていません。最終的には河川管理者である建設省の判断にゆだねられる形になり、行政上の措置によって解決したのを見ても、私はいまだに割り切れない思いを抱き続けています。

私は、最後の最後まで、わが川上村が軽視されたという思いをぬぐい去ることができないのです。同時に、真実を伝えることがいかにむずかしいものか、また重要かという反省に迫られています。

当時の川上村の人びとが、いかに大迫ダムと取組んだか、もっと中身の豊かな人間を描いた記録を後世に残してほしいと思いますが、役所の仕事では、できない相談でしょうか。

〈昭和五六・一・三〇記〉〈『大迫ダム誌より』〉

国道の改良やトンネルの整備が進む前は、奥山と呼ぶにふさわしい村であった。話し言葉の特徴のひとつとして、本人は「絶対に」と言ったつもりでも、まわりには「でったいに」と聞こえることがある。「全然」と言ったつもりが「でんでん」と響くときがある。同じ村民同士の間でも、田舎者じみていると笑い合うことがある。

市街地のことを「下《しも》」と呼ぶ習わしがあり、いかにも川の上流に築かれた文化圏らしい言い回しだと思う。都会の人にはなかなか通じないので、なるべく使いたくないと話す人もいた。

家のそばに自分より少し年上の男性がいたとして、かりに正彦という名なら「正兄《まさにい》」と親しく呼んで、家族的な雰囲気を漂わせる。春子なら「春姉《はるねえ》」と呼ばれる。

一昔前は幹線の国道も狭く、国道と集落をつなぐ自動車道がなかった地区もある。人々は、プロパンガスや米などの生活必需品を肩に担ぎ、二十分ほど山道を歩いて登ることが日常茶飯事だったと聞く。

難路、悪路からの解放という点では、村長、住川が六十年代、ダム建設の見返りに要求していた事項の一つである道路整備は、現実のものとなった。

ダムの立地を認めた代わりに、特別な金が入ってきた。

まわりの山村とは比べものにならないスピードで、川上村には次々と温泉ホテルや文化ホールなどの箱モノが建てられていった。

それが裏目に出るとでもいうのか。

消滅可能性都市のリストというのが二〇一四年に発表され、反響を呼んだのだが、川上村は将来、消滅する可能性がきわめて高い「全国ワースト二位」の烙印を押されてしまう。

建設省出身の増田寛也元総務相が座長を務める「日本創成会議」が指摘した。若い女性が今後、減少していく試算をめぐって、川上村はそれが顕著であろうという不名誉な予想である。増田レポートと呼ばれる。

むろん、村が何もしていないわけではない。

空き家の住人を募ったところ、現に北和田などの地区に転入者があらわれている。

珍しい施策も行う。大滝ダム本体のコンクリート打設を翌年に控えた一九九五年、村内で最古の人工林と言われる下多古《しもたこ》地区に広がる美林を村役場が買収していた。「歴史の証人」と呼んでいる。

四年後に村は、吉野川の源流部にあたる三之公原生林を購入した。七百四十ヘクタールの天然林で、ブナやモミ、トガサワラなどの貴重な樹木が生息している。

さらに先に触れた「手切れ金」を生かし、村有林を買い足している。

村外地主からの解放を唱えた元村長、住川逸郎の思いを連想する。

あるいは、総務省の肝いりで条件不利地域の支援を有給で行う地域おこし協力隊員の処遇をめぐり、こんな話を聞いた。

奈良県のある土地で隊員を経験した若者は言う。

「町村役場によっては、職員の穴埋めにするとか、体のよい臨時雇用のように地域おこし協力隊員を扱うところもある。でも川上村は違う。赴任してきた隊員は、自由な発想で公務を支援することができる、働きやすいと聞く。限界集落と言われるような地区にも職員の担当者を割り当てて見守っているそうだ」

消滅などとうそぶく者たちは、こうした村の一面を知っているだろうか。

村長の栗山が副村長時代、こんなことを言っていた。

「人間が飲み水を求めようとすると、人の少ない上流部のきれいな水源を求める。われわれ川上村の者だってそうだ。下流の都市住民にとっては、人が住まない川上村を求めているのだろうと感じるときがある。ダムが残って人はなし。都市の人にとってはそれでよいのだろう」

本当は、いくらでも都会の人たちに遊びに来てほしいと願う。ただし化石燃料を伴う水上バイクなどはダム湖の水質を汚す心配があるので禁止したいそうだ。ダムが残って人はなし。そうなってはならないゆえ、林業関係の村内四つの団体が集まり、「吉野かわかみ社中」(一般社団法人）という組織が発足したのは二〇一五年のことである。全国有数の川上産材の収益性を高め、ワンストップの体制で消費者とつながろうとする。

どうしたら吉野材は振興するのか、とにかく色々やってきた。三十年取り組んでも結果は出ていない、というのが栗山の見方だ。

「どうせ地域振興で苦労するなら、地場産業の林業で苦労したいですよ。川上村の林業は五百年の伝統とひとくちに言うけれど、いま以上に困難な時代だってあったはずだ」

増田レポートの試算は、データ分析などの手法が賛成できないとして、批判する研究者が結構いる。

そうであっても、消滅の可能性は大であると、堂々と突きつけられたわけだ。

村のお財布事情を少し見てみよう。

私は二〇一五年、東京都日野市に財政研究者の大和田一紘を訪ねた。

氏は、論考「群馬県長野原町　八ッ場ダム工事で歳入が乱高下　近づく縮小期、基金積立額に不安」（『日経グローカル』二〇一二年七月一六日号）を発表している。これによると、ダムが完成すれば、減価償却によってダムの交付金は減少するし、住民の流出が進めば、地方交付税の基準財政需要額が減っていく。したがって「二重の交付金減少で町の財政は苦しむ」と大和田は分析している。

そこで川上村の財政を見てもらうことにしたのだ。

「原発城下町の財政構造に似ていますね」と単刀直入に指摘した。

村がこれまで巨大ダム建設に協力した見返りに、色々と手厚い財政支援を受けてきたことは何度か書いた。

とくに、自治体の貯金に当たる積立金の額が六十五億円（二〇一五年度）もある。よその町村と比べてみよう。産業構造や人口が似通った、いわゆる類似団体の四倍（人口一人当り比較、一四年度）である。この貯金の大きさを見ると、原発立地を認めた自治体と確かに似ていて、一見、裕福な団体のように映る。

では、地方税の収入はどうだろう。住民の所得が反映するものだし、固定資産税収入の多寡もモノを言う。川上村の年間の地方税収は四億一千六百万円ほど（二〇一五年度）である。この数字は、村のお財布（一般会計の歳入）の十三パーセントにあたる。人口一人あたりの額は、例の類似団体の平均値の方が大きいようだ。つまり、ダムによる特例的なカネが降ってわいてきたところで、税収の伸びには結びついていないことを物語る。

大和田は言う。

「結果として地域の力をまだまだ引き出せていないことが財政の数字から伺えます。地方税の収入が伸びていません」

立派な箱モノが増え、良好だとばかり思われてきた川上村の財政は、必ずしも盤石であるとは言い切れなくなってきた。高齢者の比率が奈良県一高い。

かりに国産材が振るうときが来て、村に住む人が少しは増え、先に紹介した「吉野かわかみ社中」なる事業の業績などが伸びていくと、村の地方税は増えていく。裏返せば、ダム建設の見返りの水特法のカネは、はたして自治体の内発的な産業開発を後押しするものだったのかどうか、検証する時期ではないだろうか。

大滝ダムの事業は異常に長かった。

ダムの建設に賛成にまわった者たちの子の代、孫の代、ひ孫の代ともなると、自分たちがまるで意思決定をしていない大型の構造物と暮らす運命にある。

財政学の世界では「世代間の負担の公平」という理想がよく語られる。

道路でも橋でも学校でも、必要な公共事業をするためには、借金をするが、一度に返せないので、次の世代にも負担を分かち合ってもらう。したがって、いかなる公共事業も、次世代に十分説明できるものでなければならない。

川上村の人々は戦後、柏木まで鉄道を引きたいという切なる願いを持っていた。

当時、描かれていたのは、隣町の吉野町にある近鉄・吉野線の吉野神宮駅、または上市駅から枕木を伸ばしたいという構想である。距離にして二十キロほどの延長だろうか。

運動の団体は「吉野川上鉄道期成同盟会」と名乗り、一九四六年三月十八日に発足した。趣意書によると、鉄道を引き込むことによって、わが川上村の豊富な森林資源をはじめ、眠る地下資源を存分に開発し、輸送することができると目論んでいる。

地下資源というのは石灰石である。趣意書には、念入りに品質証明書を添付していた。この品質証明書は、奈良県鉱業会を通して、県庁の経済部長が太鼓判を押している。

文面は主に次の通りである。

「右之者ヨリ提出に係ル吉野川上産石灰石ハ分析鑑定ノ結果原品百分中石灰量酸化石灰トシテ九参、貮を含有シ品質優良ナルコトヲ證明す」（昭和二十一年三月十一日　奈良県経済部長　武内繁）

良質な石灰岩に恵まれていたのは、白屋地区であった。

後に伊勢湾台風の来襲をきっかけとした大滝ダムの建設により、集落の運命は狂わされていく。

『白屋区誌』は、石灰にまつわるエピソードをのせている。

昭和十年ごろ、養蚕の教師として信州から白屋にやって来た細井某という人が石灰の生産に乗りだし、良質なものができたという。しかし、さほど事業に本腰を入れなかったので、一年ほどで中止になってしまった。

終戦から二年ほどを経て、その事業現場の近くで、こんどは、山見某という人物が相当な規模の石灰工場を建設して生産を始めた。だが輸送面で採算がとれず、長続きしなかった。工場は閉鎖され、まもなく取り壊された。

幻の石灰工場が川上村の奥山にあったのだ。残っていれば、小さな近代化遺産だ。輸送がネックになっていたことを思うと、人々が吉野川上鉄道の開設に託した期待がどれほど大きかったか。

何しろ、景勝地、吉野熊野国立公園をひかえた鉄道である。観光にも、福利のためにも役立つので、「ぜひとも実現させてほしい」と陳情書は結んでいる。村民たちは近鉄など関係機関に掛け合ったそうだ。貨車あり旅客輸送ありのプランで、人々は村の自立を真剣に考えていた。日本一とも賞賛されたアユ釣りのメッカ、吉野川の清流に沿って、高原鉄道を走らせようという構想であった。

時を経ずして、霞ヶ関では巨大なダム建設の思惑が渦巻き、予期せぬ開発がにじり寄ってくる。白屋の地名が出てくる古い文献は、康正元年と言い、西暦一四五五年の昔にさかのぼる。『大和名勝志』という文書のなかに「白屋村」という表記が出てくるそうだ。

山塊が石灰岩に覆われており、この峯を見て白い屋根、すなわち白屋と命名したとする説もあると区史は伝える。明治時代に発生した地すべりの現場近くに石灰岩の洞があるという。

大滝ダム試験湛水中の地すべりによって、国相手の裁判を闘ってきた井阪勘四郎は、四十八年前の吉岡金市の警告をしみじみ振り返る。

「白い土の白屋である。水と地質と地すべりは離すべからざる関係なんや。吉岡先生のおっしゃる通りだった」

# 第8話　大和豊年

三百年の悲願であったと、行政は繰り返し唱える。

吉野川分水を礼賛するときの決まり文句である。

なかには「県民の悲願」といった賞賛もある。官公庁の刷り物のなかに出てくる。

「県民の」という枕言葉は、ダム建設に振り回されてきた村人にしてみると、直ちに首肯することはできない。

同じ県人であって、水源地として辛酸をなめたところと、それ以外のところとでは、吉野川分水についての感覚がまるで違うのである。

一方、奈良県人口の三割を占める水の一大消費地、奈良市は、吉野川分水とあまり関係はない。市はすでに大正時代、県営水道よりも早く、自前の水道開発に乗り出している。水源は、京都府の木津川（淀川水系）などを開拓してきた。

この事実からしても、「県民の悲願」というプロパガンダは、いよいよ大げさに感じられる。

大和豊年米食わず――。

降る雨の量が比較的少ない奈良盆地において、昔から伝わる諺だ。当地の降雨量は年間、千三百ミリから千四百ミリ程度である。

日照り続きの農事は苦労させられるが、ほど良い雨が大和に降る年ともなると、よその土地ではかえって降水量が多すぎて凶作になる。諺は、そうした意味を含んでいるらしい。

奈良盆地のはるか遠くには、日本一の多雨地帯、大台ヶ原に源を発する河川がとうとうと流れながらも、無慈悲に和歌山の方に去って行ってしまう。どうかして、この吉野川の水を大和平野に引き込みたいと、考えていた人々が昔からいた。

大和豊年米食わずの諺は、吉野川分水のダム建設をほめたたえる折に、くどいくらいの頻度で使われている。

かつて紀州の殿様は、紀の川上流の川水を大和の盆地に送ることを、おいそれとは認めなかった。いわゆる慣行水利権というものが近代、現代においても、ものを言うわけである。

吉野川分水の計画をめぐり、「奈良県へは一滴の水もやれぬ」という和歌山側の意向を一九二九年四月十八日付の大阪毎日新聞は報じている。

下流の紀の川沿岸とて、日照りも洪水もある。

こうして戦前から奈良と和歌山は延々、水の問題で綱引きをしている。

国が仲裁に入り、両県の間の積年の水争いが一応の決着を見たのは、戦後まもない一九五〇年六月のことであった。

ダム建設などを条件に、合議が成り、調印をした会場が京都・祇園の演舞場にあるレストラン「プルニエ会館」というところだった。よって、プルニエ協定と呼ばれている。

かつて奈良県庁の水資源開発の部署にいた元課長は言う。

「実に画期的な出来事やった。プルニエ協定が実現するまでの感動の物語を誰か本に書いてくれないかな。ぼくが出版の金を出してもいいくらいだ」

これこそ、郷土の奈良県が誇る話であると、信じて疑わない。

「だから、いまこうして、水質が全国ワースト何位かの大和川にきれいな吉野川の水が入ってくる。その上、大滝ダムができて、こんどは安定した水道の水が奈良盆地に送られてきた。プルニエ協定のおかげです。この偉業がどうやって達成されたのか、知らない世代も増えてきました」

いいことづくめらしい。元職員は偉業と言ってはばからない。

奈良県の旧長柄村（現・御所市）の庄屋、高橋佐助の逸話も行政に好まれている。

日照り続きで苦しむ奈良盆地の田畑に、あの勢いよく流れる吉野川の水を引き込んでみたいと構想した男だと言われる。御所地方に佐助の思いを残す里歌が伝わる。

「わしの命ももう三年あれば、吉野川の水を重阪《へいさか》へ流した」（『大迫ダム誌』より）。こんな一節がある。

重阪というのが、重阪川のことで、大和川水系の曽我川上流にあたる。

元禄時代の話なので、三百年の宿願などと、たいそうに言われるのである。

佐助の時代、奈良盆地の下流、すなわち大和川の本川において、洪水対策の付け替え大工事が、幕府の直轄工事としてダイナミックに繰り広げられていた。

セメントはまだ発見されていない。

したがって佐助は、コンクリートのダムを知らない。

県庁の農林部耕地課に勤務していた元吏員は言う。

「大滝ダムは奈良県全体としてはよかったが、川上村にとってはよくないことだった」

県全体の利益のためには、小さな村が犠牲になっても仕方がないという見方である。

すでに紹介したように、元川上村長、住川逸郎は、奈良県が刊行した『吉野川分水史』は、支配者の目線で書かれていることを感じ取っていた。

この分水史は、はなから「ダムありき」のようなところがある。

同じ吉野川に竣工した大滝ダムについて、荒井知事は次のように絶賛している。

昨年、大滝ダムが地元川上村の多大な協力により、半世紀の年月を経て完成しました。そのおかげで今年六月の少雨に対しても、水道用水の供給には全く影響がありませんでした。また梅雨に備えてダムの水位を低下させるための放流水の一部を農業用水に活用できたほか、八月の台風一一号に対しても、ダムの洪水調節により、下流の水位を下げるなど大きな効果を発揮しています。

（第五回全国源流サミットの企画紙面あいさつ。二〇一四年九月六日付奈良新聞）

奇怪なことが進行している。

奈良盆地は雨が少ないから吉野川のダムの恵みを受けていると、行政は繰り返し説明してきた。ところが、この盆地のすぐそばで、県庁は五つのダムを施工し、満々と水を貯めている。

不可思議なのは、岩井川ダムのように、もっぱら治水だけを目的にした構造物を築造している。とかく行政は、利水、発電などを兼ね備えた多目的ダムという形を好んできた。

したがって奈良盆地そばの治水専用ダムというのは、あたかも、紀の川上流吉野川の国家のダム群と棲み分けを謀っているかのようにも映る。

桜井市初瀬という土地で県が初瀬ダムの予備調査を始めたのは一九六七年のことである。翌年に天理ダム（天理市田町など）と白川ダム（同市岩屋町など）の予備調査を行っている。なかには大門ダムのように、年号が平成にチェンジした年に予備調査が始まった新顔もある。きわめつけは、古代史の舞台、明日香村を貫く飛鳥川の上流にも、治水ダムを造ろうという掛け声が出て、奈良県は七六年、予備調査に乗り出した。まだある。

万葉歌で名高い奈良市の佐保川にも、治水ダムの計画が浮上してくる。

六十年代ごろから、雪崩を打ったように全国でダムラッシュが到来する。はやり病いのようでもあった。

国内のダムの総数は、八十年代後半になると、千に上ると言われた。いまは三千ほどか。そこかしこに、ダムの権力がはびこるようになる。

国家に遅れを取るまいと、自治体がせっせとダムを造る。いわゆる「補助ダム」と呼ばれる。国庫補助金が気前よく支給され、地方交付税の優遇措置もある。

何しろ、一度に相当な土木工事の金が地元に落ちる。建設業者を傘下に置けば、有利に選挙を戦い抜くこともできる。

　奈良県内では、市町村議員、県議らの「兼業」といって、選挙区の自治体から工事を受注する行為が平然と行われていた。むろん、地方自治法の兼業禁止規定に抵触するが、ザル条項と呼んでいい。

　ひとたび議員に当選すると、建設業者の代表取締役を表向きは退き、嫁さんとか家族らが名義だけの代表になる。そして実質は、選挙区からの工事を受注する者が跡を絶たなかったのである。

　隣の大阪府では、民俗学者の宮本常市が「河泉一の景」、すなわち、河内国および和泉国のなかで最も美しいと絶賛した渓流をつぶし、希少な茅葺きの集落を湖底に沈めた。府政が河内長野市に造った滝畑ダムである。

　それにしても、奈良盆地のそばで、これほど水を貯めるのなら、わざわざ紀の川上流の遠い村々に迷惑をかけて巨大ダムなど開発しなくてもよさそうなものだ、もったいない……と言った政治家は一人もいない。

　村人が進んでダムを誘致したわけではない。人々の心底の希望は、川上村に鉄道を走らせてほしいという、真逆の公共投資であった。

　世界遺産・春日山原始林のふところにできたのが岩井川ダムである。

まだ使える県道をわざわざ水没させ、新たに県道を付け替えるという大げさな工事が伴っていた。

この付け替え工事の入札をめぐり、発注者の県が「独占禁止法の違反を疑うに足りる事実がある」として、公正取引委員会に通報したのは二〇〇一年八月のことである。

入札が行われる前に、実名を名乗る人物から県庁に談合情報が寄せられ、落札結果と一致していた。

共同企業体が八億九千五百万円で落札した道路工事で、このＪＶ五社のなかには、県議会を牛耳った元議長、浅川清が創業した浅川組もあった。

したがって、県議会の主要な会派などは、談合などはなかったようなすずしい顔をして議場に座っていたのである。

日ごろ、大河を見慣れている者からすると、大和川水系の岩井川などは小川の類に映るだろう。延長は十キロほどしかない。上流はちょろちょろという感じの流れである。

事実、一応の工事が終わり、二〇〇七年、試験湛水をしたら、必要な水位までなかなか溜まらず、運用が遅れた。

これこそ、雨の少ない奈良盆地の実景を見たような思いである。まさに大和豊年米食わずの諺が思い起こされる。

風致の審議会を構成するお歴々の委員のなかには、岩井川ダムに違和感をもつ学識経験者がたまにはいて、次のような意見を述べている。

去年初めてこの計画知ってね、課長さんに連れられて、現場を行って、おや、こんなのができるのかと思って驚きました。まあ、僕らの立場でもそういうふうに感じたんで、おそらく奈良町というかな、この奈良市内に住んでる人はあんまりこれ知らないだろうと思います。発表なさったですか。新聞か何かに。しかも、春日山に隣接しているし、歴史的な風土の地区だし、岩井川自体が歴史的な問題を含んでいる川でもあって、なんか、たぶん反対運動とまではいわないまでも、ある種の住民運動が起きる可能性がある。それからなんでそんなことをいうかというと岩井川の施策がダムになるとはちょっと考えられない。

（第七十四回・県古都風致審議会、二〇〇二年、会議録より）

岩井川ダムは六〇年代の台風被害を機に浮上し、大和青垣国定公園のなかに計画された。したがって、新たにダムを造ろうとすれば、「特別地域内工作物」に該当し、環境庁（当時）

の審査に委ねなければならない。その結果、一九九三年、「環境資源の損壊は最小限である」とのお墨つきを得て、晴れて了承されたのだった。

それにしてもダムによる治水でなければならない理由がよくわからない。

主たる目的は、工事を発生させることではないのかと、地元住民の一人として私は考えていた。疑問百出のうちに、談合事件に発展したのである。

「本当に必要なダムですか?」と、事業主の県河川課の担当者に投げかけたところ、「災害は忘れたころにやって来る」とにべもなく返されてしまった。

らちがあかない。

そこで私は和歌山市栄谷の和歌山大学を訪ね、システム工学部の宇民正教授（水理防災）に意見を聞くことにした。ずいぶん前の取材ノートをたどっているのだが、二〇〇一年暮れのことである。

教授はすでに、現地をつぶさに見ていた。岩井川ダムに疑問をもつ市民グループに招かれ、意見を求められていたのだ。

宇民によると、岩井川の下流では、鉄道や道路などの建設に伴って生じた人工的な地形によって、雨水の流れがせき止められ、水がたまってしまった地点もあるということだ。日常的な開発が招いた浸水もあるといえる。

したがって、県はダム建設による氾濫防止区域を示しているものの、岩井川が直接氾濫したことが原因ではない浸水を観察することも大事だと教えられた。たとえ治水ダムを建設しても、浸水を防止する効果は限定的のようだ。

また、佐保川との合流地点を観察すると、せき上げられるバックウォーターによって、岩井川の水位が上昇し、はんらんする土地もあるという。

大切なことは、岩井川流域の浸水地点をきめ細かく点検することであり、個々の浸水原因を丁寧に取り除いていくことだと宇民は示唆していた。

ダム建設が最善の手段とは言い切れないのである。

県政の与党、公明の県議、新谷春見が定例県議会の予算審査特別委員会において、岩井川ダムに苦言を呈したのは二〇〇三年三月のことである。

「岩井川ダムは建設単価が高い」と断じ、「ダムの貯水を市民の飲料水に活用する方法はないのか」と、多目的ダムへの転換を提案したのである。

ならば大滝ダムの水を買わなくてもよかろうと気づかされる。

誰も耳を傾けなかった。

新谷の意見は、たぶん黙殺されたのだ。

その証拠に、二〇一〇年、奈良公園一帯で開催された遷都千三百年祭を仕切っていた県の幹部が、あるところで講演した際、肩書きのなかに「岩井川ダムを造った男」と誇らしげに紹介されていた。


岩井川ダムは、貯水量が六十九万トンほどのものだが、その割に堤体積が大きく、不経済な代物と言える。予備調査から完成までに三十年も時間をかけている。この間、奈良市内の森林は一体どのくらい減っただろうか。

調べてみると、七百ヘクタール余りが消失し、宅地などの開発に供されている。裏返せば、治水環境にとって良からぬ森林減少に甘んじながら、県当局は新規のダム建設に強いこだわりを見せていたことになる。

後に、同じ奈良県庁の農林部が出した調査検討報告書「災害に強い森林づくり」(二〇一四年)にはこうある。


森林は、いわゆる「緑のダム」として、豪雨時のピーク流量を抑制することがあり、急激な流出を遅延させ洪水流量を結果として調節し河川流量の平準化や安定化に寄与する働きが考えられる。

正鵠を射ていよう。

ただし、やみくもに森をつくればいいというものではない。流儀がある。川上村の森林組合長、白屋地区出身の南本は言う。

風の強いてっぺん周辺には、何も植えず、雑木を生やしておく。天然林、自然林である。その下にヒノキを二割、さらにその下に杉を八割植える。なぜか。ヒノキの葉は太陽をさえぎるので下草がよく育たない。したがって土壌は悪くなる。雨が降ると、表土が流れ落ちる。それを止めるのが下に植えられた杉である。杉の葉は細かい。よって陽光が差し込みやすいので下草が育つ。そうすると土は肥えるし、雨もよくしみ込んでいく。

いくらヒノキの値が良い値段で売れるときであっても、先人の築いたルールを無視して植林すると、山は不健康になってしまうそうだ。

同じ吉野郡の林業家Ｎは十年ほど前、吉野川流域の山林で目撃したことが目に焼きついている。旧西吉野村（現・五條市）の日浦というところの山に数人で入ったところ、異様な光景が目に飛び込んできた。当人も含め、全員が「こんなん見たことない！」と口をそろえるほどであった。

「まるで箒ではいたように、きれいに土が流れとったわ」

いわゆる表土流出である。

まわりには七十年生ほどの杉、ヒノキが生育していたが、これらが若木だったころから表土の流出は続いているのではないかとNは観察している。

「根が張るまでは流出する土に押されるものだから、みな株が曲がっていましたよ」

ふだんはわりあいと日が差し込んでいる山域であるが、あまり草が生えていないという。土が動いている間は、草も根付かないのだろうとNは考えた。

「日本中の山でこんなところが何百万ヘクタールもあったら、ダムをいくつ造ってもたちまちのうちに土砂で埋まってしまうわ。税金の無駄遣いもいいところやな」


すぐ南に広がるのが旧大塔村である。

その名の通り、後醍醐天皇の第一皇子、大塔宮護良親王ゆかりの土地で、いまは五條市の一部を成している。

吉野川水系とは異なるが、この土地にも、吉野川分水の一環としてダムが築造された。猿谷ダムと言う。

先に述べたように、奈良と和歌山の水争いを終わらせる妥協策として、紀の川に流れる水を減らすことのないようにという配慮により、もっぱら和歌山県側へ送水する専用のダムである。

これにより、旧高野街道の集落が水没したのは一九五七年のことだった。消された一軒一軒の克明な位置図が『大塔村史』に残っている。

そこには映画館があった。こんな奥山の湖底に、日本の映画人口が最盛期を迎えようとする時代の跡が沈水している。


水は次第に余ってきた。

早くも一九六〇年代の後半、大阪の通勤圏である奈良盆地の西部は、農業離れの傾向がささやかれるようになる。

このころ、川上村議会は奥田知事に対し「吉野川分水事業の犠牲川上村に対する永代保障について要求書」を送っている。次のようなくだりがある。


川上村八千村民は、三千万トンという巨大なダムを抱え、年を経て老朽化と荒廃を辿る危険直下に永劫の恐怖を感じつつ、生活する運命を背負うものである。（一九六九年二月二十二日）

それでもダム開発は立ち止まることはない。

大迫ダムは、農地への給水を売り物に計画されたわけだが、それが完成してからというもの、奈良県内の耕作放棄地は年々、じわじわと拡大していく。

一九九五年の時点で、千九百七十八ヘクタールだった耕作放棄地は、二十年後の二〇一五年、三千六百三十三ヘクタールにまで拡大している。

大阪のベッドタウンとして人口が伸びた香芝町（現・香芝市）などは、ひとつの典型である。昭和四十年代から宅地開発がものすごい勢いで進み、ディベロッパーが農地をつぶしていった。この町が奈良県内で十番目の「市」となったのは一九九一年のことであるが、市町村合併によるものではない。人口の増加による市制の誕生であり、よその町村をうらやましがらせた。

そこにもかんがいダムの水がやって来た。

どうみても余剰水であった。

ニュータウンの開発が進む奈良盆地の県北部と、過疎化が進行する吉野郡など山間部とのへだたりは「南北問題」などと呼ばれるようになる。

バブル経済の時代ともなると、農地転用にまつわる不正な行為が奈良盆地で横行する。農業離れの世相と、軌を一にしていた。

農家証明が偽造されたり、市街化調整区域でおおっぴらに建築基準法違反の大型建物を建築したりして、県警の摘発を受けた者も何人かいる。

奈良盆地に住む実業家に次のような話を聞いた。

「どうしても開発したい農地があったので、『耕作する』とうそをついて買収することができた。裏の事情を知る農業委員からは『一週間ぐらい種をまくふりをしていなさい』とアドバイスを受けた」

都市近郊農地の荒廃ぶりが伝わってくる。


吉野川分水事業の津風呂ダム（吉野郡吉野町）により郷里が水没した片岡一雄はガリ版刷りの『津風呂秘話』を書き残した。こうある。

昭和二十二年十二月もおしせまった二十三日、突如奈良県庁から三台の車をつらねて津風呂ダム建設の悲しい使者が訪れたのであった。


さながら大名行列であろうか。静かな山里に三台の公用車が入ってきた。

ダムの事業主は国であるのに、わざわざ県庁の使者がやって来る。国と地方の間柄が見えようというものだ。湖底には七十一戸を数えた集落の跡が眠る。六百年の歴史を誇っていた。

郷里を追われた人々のうち、二十世帯の約百人は、奈良市山陵《みささぎ》町に集団で移住してきた。読んで字のごとく、神功皇后陵などの陵墓が鎮座する土地である。北方に広がる寂しい荒れ地に人々は入植し、開墾の労を余儀なくされたのだった。

「日本の農業に役立つのなら」と自分に言い聞かせるようにして郷里を後にした水没者もいると聞く。

ダム開発と一体の関係にある吉野川分水の農業用水は、現在、どのくらい余っているのだろうか。

余った水に関するデータが農水省にあるだろうと思い、関係文書の情報公開請求をすることにした。

ところが、「吉野川分水の余剰水は発生していない」として、開示請求書は私のもとに突っ返されてきた。

出先の近畿農政局の水利整備課の職員に理由を尋ねたところ、「奈良盆地のため池が減少しているからだ」という回答だった。

キツネにつままれたような感じがした。

なぜなら、吉野川分水こそが、わずらわしいため池の管理から農家を解放するものと絶賛されてきた。したがって、奈良盆地の至るところで、猛烈なため池潰しの開発が進行しているのである。

ダムが増え、ため池が減る。これが奈良県の日常である。

ため池は、大和の原風景といえる。

日照りと格闘した先人が築いたもので、いわば農業土木の遺産である。雨水を一時的に貯留してくれるので、治水の機能もある。素朴な水辺は、人の心をのどかにするし、野鳥も飛んでくる。

かつては水泳をする人々もいた。

奈良市福智院町の割烹の大将は少年のころ、新薬師寺そばの谷池でよく泳いだ。水が冷たく、心臓まひで溺死した級友もいたという。「そおっと入ること」というのが鉄則だったらしい。いまは中学が建っている。

ため池は、どのくらい減っているのか。

県庁が保管する「ため池台帳」によると、戦後ほどないころ、奈良県内には一万三七九八個ものため池があった（一九五三年、県農林部調べ）。その数は激減し、九五年の調査では、六五五四個にまで減った。宅地開発や公共事業の用地にどんどん供されてきた。

現在、県農林部が出している農業用ため池の数は五八〇六個である。こう書いている間にも、減っているだろう。

奈良市大安寺に二〇〇五年、完成した県立図書情報館の用地は、その名も大池という三ヘクタールほどの古池であった。かんがいのため池だったが、かつては水を引いていた田畑がなくなり水利権は消滅した。

やがて奈良市の市有財産の池になり、県の図書館用地になった。県が市役所に支払った土地の代金は二十八億七千四百万円余りに上る。いかに大きな池だったかしのばれよう。

治水の効果がある奈良盆地のため池。

大和高田市のある町内会長は「地元のため池の水を抜き、清掃をしたら、バイクが出てきた」とあきれ顔で話していた。

放りっぱなしで富栄養化してしまい、アオコが発生している見苦しい池もある。ウシガエルがうなるような声で鳴いている。

ため池を潰し、開発を目論んだことにより、深刻ないさかいに発展した土地もある。開発は小規模でも、金が絡んで人々の絆に亀裂が入ったのだ。

コミュニティを分断させるものは、なにも山間部に築造する巨大ダムの専売特許ではないことを思い知らされる。

あれは平成の大合併が進められていた二〇〇三年ごろ、奈良盆地を舞台にこんな出来事があった。

どうせ合併するのなら、先祖伝来のため池を早く売ってしまえという談義が、磯城《しき》郡川西町のある土地で、有力者らの間に浮上してくる。

農業の担い手もいなくなり、共有財産のため池など、もはや無用の長物だというわけだ。

ことを急いたのか、地方自治法にある地縁団体の条項を逆手に取り、議事録などを一部の者たちで偽造し、池を売る手はずを整えてしまう。

地元では「おかしい」と声を上げる人々が少しはいた。池を潰して宅地にしてしまうと、治水環境は悪化するだろうという意見も出た。

ため池の売却に反対する意見を言ったばかりに、のけ者にされた人もいた。

次のような空気に支配されていたと、町民の一人は振り返る。

「ムラの恥が表に出ることが一番の恥であり、議事録偽造の不祥事は黙認しておこう、そうした同調圧力のようなものがあった」

いつもは子どもたちの遊び場になっている寺の境内も閑散としてきた。住職がため池の存続を訴えたからだとささやかれた。

行政の合併協議は成立しなかった。くだんの池は宅地になった。

ダム開発による吉野川分水が来てからというもの、番水といって、ため池の厳しい共同管理から農家は解放され、本当に良かったという声を時おり聞く。

昔のような地域間の水争いはなくなり、奈良盆地は永劫に水の心配をしなくてもよいとさえ言われる。

一方、水を確保する労力が軽減した分、かえって農家の兼業化が進んだという研究者の指摘が『吉野川分水史』に出てくる。

稲作は家族が食べる程度にとどめる農家も増え、子息は都市に働きに出ていく。老後のために、駐車場経営やアパート経営にいそしむ農家も増えてきたようだ。大和野菜が人気だが、米の生産高をめぐっては、奈良県は現在、全国の都道府県中、上位ではない。

かつては、ため池を築造して日照りにそなえ、「覆《かく》し井戸」などのかんがい用水を懸命に開拓してきた。平年は土で覆って耕作に利用し、干ばつになると覆土をのぞいて揚水した。その数は、一万二千個と言われている。

昔の方が、奈良県は全国でも有数の稲作地帯だった。

明治後半には米の反収は全国のトップレベルに達し、昭和期に入ってもさらに上昇し、その高反収は「奈良段階」と称された。（『奈良県の近代化遺産』より、奈良県教育委員会発行）

いまも橿原市の新口町などは、吉野川分水に頼らず、ため池の水を引いて農事を営む。古い家並みを残し、近松「冥途の飛脚」の舞台となった土地である。かんがいの水源は、戦後の一九五七年に築造された倉橋ため池（桜井市内）を活用している。

斑鳩ため池とともに奈良の四大ため池とも呼ばれる。小雨、干ばつを契機として、必要に応じ、内発的に奈良盆地の近郊に築造されたものである。

くだって、江戸時代には、雨が少なければ少ないなりに、乾燥に強い綿花を栽培し、大和木綿という特産品を生み出し、一世を風靡したこともある。

少雨の奈良はダムが最適と行政は言うが、もっと見直されてよい歴史がある。

香川県や兵庫県などと並ぶ、ため池王国だった奈良県は、吉野川分水のダム開発と示し合わせたかのように、魅力ある古池がみるみる潰されていく。

水源地、川上村の青年団がかつて、以下のようなメッセージをひねり出したことがある。

「忘れないで　コップ一杯の水のふるさとを」

郷土を著しく変貌させた大滝ダムという代物をめぐり、えん堤のコンクリート打設が始まる前に都市の人々に発信したものである。

上水道用のダムの使用権として、奈良県が毎秒三・五トンという設定に合意したのは一九七二年四月七日のことである。

この日をもって大滝ダムは、当初からの目的である洪水調節に加え、都市用水の確保（和歌山県側の受水毎秒三・五トンを含む）、関西電力の発電（最大出力一万五百キロワット）を兼ね備えた建設省直轄の多目的ダムとして事業を進めることになった。

吉野川を水源とする県営の御所浄水場が七〇年に完成し、取水口は下市町新住《あたらずみ》という土地である。

巨大ダムの大義がととのってくる。

奈良の県営水道はそれまで、一日あたり二十三万立方メートルの水利権を得ていた。大滝ダム

奈良盆地の井戸。豊富な地下水が眠る

によって三十万立方メートルが加わる計算だ。誰が見ても、上水道にかなりの余裕が出てきた。

奈良市長、鍵田忠三郎が、「大和盆地に大地下湖あり」の論説を発表したのは一九六八年のことである。

ここには琵琶湖の十分の一にあたる三十億トンもの貯水がなされていると言うのだ。

実に、大滝ダム総貯水量の三十六倍に匹敵するではないか。「クジラが泳げるほどの水がある」と市長は驚喜し、新聞発表したという逸話を筑波大学名誉教授の山本荘毅は論文のなかで触れている。

『奈良市水道五十年史』（一九七三年）によると、鍵田が期待した奈良盆地の地下水は、南北十五キロにわたって満々と水をたたえている可能性があるというのだ。奈良市の振興にこれを活用しない手はないと、鍵田は「地下水は天与の大きな資源であり、活用すべきだ」と、なみなみならぬ意欲をもっていたようだ。

これに対し、京都大学教授の松尾新一郎などの専門家が「今後さらに調査研究を要する」との結論に達したという。

ダムの権力は鍵田の構想を黙殺したか。

奈良盆地には、「清水通り」という古い地名が残っている。

文字通り、清水が湧き出たことに由来する。盆地一帯においては、古くから日本酒の醸造元が点在している。人々の生活や産業の場において、井戸水が活用されてきたことを物語る。

奈良県などが書いている官製の水道史を読むと、奈良盆地の地下水のことを「かなけみず」などと呼んで、デメリットを強調している。この井戸水は鉄・マンガンの含有量が多く、水質に恵まれていないと解説している。

そう強調することにより、水道水源として大滝ダムがいかに優れているか、きわだたせている。しかし、所によっては、奈良盆地においてこんな声もある。「郡山の水道は、うまい！」という実感である。

奈良県きっての城下町、大和郡山市に住む郷土史家の藤田久光は語る。

「郡山は喫茶店が出すコップの水がうまいんです。県営水道も利用しているけれど、市の水道局の取水井が市内にたくさんあり、自前で原水を供給しています。よその都市と比べるとミネラル分が多いのは、古来、先人が森や里山を保護してきた恩恵でしょう」

大和郡山市の上水道は、井戸水と大滝ダムの水との割合が半々ぐらいの比率で使われている。深井戸からの水道量は、年間（二〇一二年度）五百九十八万三千トンに上る。これは、大和郡山市が大滝ダムの県営水道から受水する五百七十六万トンをやや上回る数字だ。

同市の筒井町にある県中央卸売市場は二〇〇二年、深井戸の掘削に乗りだし、一日当たり千百トンの水源を確保している。

観光ボランティアガイドを務める藤田は十年ほど前、「郡山再発見ウォーク・水の恩恵」と銘打ち、散策会を催した。「水」にまつわる史跡や名所を訪ね、地元の人が知られざる地元を観光するという試みである。

川の物流史といえば、材木を流した紀の川の筏がつとに有名であるが、大和川は舟運の歴史が輝いていた。

市内には古代の園地、「御池遺構」というのも伝わる。また、江戸時代の武士の副業から始まった金魚の養魚池も、大和川水系の独特な水辺だ。郡山城の外堀だった一部を金魚の飼育に活用している土地がある。現代にあっては、昭和浄水場をはじめ、昭和工業団地における地下水の工業用水開発など、まさに郡山再発見のツアーだった。

奈良県内の市町村それぞれの水源をたどっていくと、なかなか多彩である。

河川から直接取水する表流水や井戸の掘削のみならず、湖沼水や湧き水、伏流水など、さまざまな形態をなしている。

日ごろ、谷水などの簡易水道を運営している山村を除くと、県内では二十九の市町村が水道事業を実施している。うち大滝ダムの県営水道がこれら自治体に卸している年間の総量は七千六百万トンほどである。残る九千万トン近くが深井戸などの自前の水源なのだ。改めて注目したい。

県の水道史が言うように、奈良盆地の井戸水がそれほどまずいものなら、せめて家庭や事業所のトイレ、洗車などに活用するだけでも、ずいぶん無駄は減る。大滝ダムに対する依存度も変わってこよう。

クジラの泳げる地下水の夢は、すっかり忘れられている。

ひとえに、大滝ダムの水を利用することが最善の策のように、県民に伝えられてきたからだと思う。

工費はうなぎ上りである。

当初は二百三十億円とされた大滝ダムの総事業費は、青天井をほしいままにして、つごう三千六百四十億円に膨れあがった。

奈良県は一体いくらの負担をすればよいのか。

法令が示す基準にしたがって、総事業費の一七％に及ぶ大枚を、人口がたかだか百四十万人ほどの小さな県が支払わなければならない。

したがって、県の負担額は六百六億円に達している。

内訳は治水負担分が二百三十六億円、利水負担分が三百七十億円である。

突発的な地すべり対策を含む高額な負担に県政は甘んじるかたわら、自前の県営ダムを派手派手しく奈良盆地の近郊に造りつづけてきた。

二十一世紀に入ってくると、県内の各市町村が県営水道から受水する量が減ってきた。

しかし巨大ダムは一度できてしまうと、百年近くは居座るであろうから、軌道修正はなかなか難しい代物である。


遠い奈良盆地の田畑に水を送る吉野川分水ではなく、吉野材などの地場産品を奈良盆地に輸送するルートとして分水の開拓ができないか、水源地の川上村において慶応三（一八六七）年、地元民が吉野川分水の民営事業計画に参加していた。

この話は村が編んだ『大迫ダム誌』に出てくる。

計画を先導したのは、奈良市の春日大社の神官、辰市祐興なる人物であるという。

その一環として、日本一の多雨地帯、大台ヶ原に大きな貯水池を築造する計画も秘めていた。

これは辰市の同志で、井戸村（現・川上村井戸）の市左衛門という者が着眼したようだ。井戸という地名はいかにも水と因縁が深そうな地名である。

皮肉なことに、戦後の井戸地区は、大滝ダムの建設にあらがうことができず、三十三世帯が水没してしまう。その大半の二十七世帯が村を離れていく決断をした。

幕末に辰市や市左衛門が描いた構想は、内発的な開発を思わせる。

霞ヶ関で立案し、「さあ立ち退け」と言わんばかりの開発とは、天と地ほどの開きがあるだろう。

くだんの『大迫ダム誌』は、中央集権型の開発に対しこんな言葉を刻んでいる。

いずれの公共事業にあっても、立案者は、そのために損失を被るものに対して事前に相談することが少ない。なるべくわずらわしさを避けて、既成事実を作ろうとするのが一般の態度である。

大迫ダムの場合も、またそうであった。

# 第9話　温故知新

人間の煩悩、百八つを払いのける除夜の鐘が、ここ川上村を象徴するV字谷の山峡に響きわたる。

大滝ダム試験湛水中に発生した地すべりによって、消えた集落、川上村白屋地区が健在だったころ、玉龍寺の除夜の鐘がゴォーンと対岸の土地に聞こえてきたそうだ。

いまはダム湖に変じた吉野川をはさんで、向かい合わせのように位置する高原《たかはら》地区である。白屋、高原の双方の地区から、互いの集落がよく見えた。大みそかともなると、両区の山寺が鳴らす除夜の鐘が互いに響きわたった。

高原の区民は言う。

「石垣だけが残されてしまったわなぁ……。水没してくれた方がすっきり忘れられる。見るのがつらい。ムラが消えた」

白屋地区が『白屋区誌』を刊行したのは一九九一年のことだった。厚紙の箱に入った立派な体裁だ。区史、町内会史というよりは、村史と呼んでもおかしくないほどの充実ぶりである。

区民たちが早くから大滝ダムによる地すべりの危険性を訴えてきたことは何度も触れたが、これによって人々が散り散りになることを想定し区誌を出した、というわけではない。

二十一世紀が目前に迫ってきたころで、節目の時代に区の歴史をまとめておこうということになった。

そこには、「オオカミの声を聞いた」という古老の話が収録されている。標高一一七七メートルの白屋岳のふもとに白屋地区はたたずむ。

すぐ北面は、東吉野村という同じ紀の川源流の林業村である。ニホンオオカミが国内で最後に捕獲された村として知られる。ときは一九〇五（明治三八）年、同村鷲家《わしか》という土地だ。

川上村白屋で、オオカミの遠吠えを記憶する古老に聞き取りをしたのは、区史の編さん委員、石本伊三郎だった。

区史の刊行に向け、石本たちが聞き取りの作業をしたのが八十年代のおわりごろとしよう。明治生まれの老人が、この絶滅獣の声を幼少のころ聞いたとしても、東吉野村の史実を照合すれば少しも不思議ではない。

ツキノワグマにまつわる話もある。別の古老に石本は聞き取りをしている。それによると、補殺したクマの胃を乾燥し、漢方薬として保存している人を知っている、と自慢するのだ。薬をつくったのは誰なのか、人物を特定せず、そういう人を知っている、というくだりが、奥山に伝わる秘法めいた話をにおわせる。

山仕事に携わるある人は、異様な光景に出くわした。

「青大将がひき蛙をのみこんで動けなくなっているところを目撃した」

深山の地域史であることを思わせる。

大滝ダムの建設で失われた吉野川の流域図を、区史に描き残したのも石本である。河川が生きていたころ、岩の一つひとつに名前があった。ボウズ岩、コジキ岩、馬岩、親岩、牛の鼻……。

白屋地区のあたりだけで二十もの岩に呼び名があった。

昭和六年生まれという白屋地区出身者に、吉野川の岩を覚えていますか？と私は尋ねてみた。するとと弾んだ声で岩の名を呼び、指折り数えだした。

「そらで十言えるぞワシは。天下取り岩、かぶと岩、ウグイ岩……」

老人たちは吉野川の黄金時代を知っているのだ。

紀の川をさかのぼってくるサツキマスは、明治のはじめごろまで生息していたらしい。

昭和の初年、白屋地区の若者が二人がかりで体長五十センチもの巨大なアマゴを射止めたと伝わるが、実はマスの一種ではなかったかと区史は考察している。

石本は、大滝ダム試験湛水中の地すべりにより、吉野郡大淀町に移住したが、四年ほど前に他界したと聞く。

「大正生まれの大変な教養人だった」

元白屋区長の福田寿徳は言う。

白屋地区は南の斜面に家々が建っていた。

「日当たりはよく、降る雪はすぐに溶け、水がおいしかった」

村に残る人々でつくる新・白屋自治区（川上村大滝）をこのほど訪ねた折、区長の亀本東洋和は回想していた。

単に日当たりが良いという次元を通り越し、一日中、陽があたる。

そう観察したのは、地盤工学の研究者、大阪市立大学名誉教授の高田直俊である。紀の川上流の吉野川流域においては、珍しいほどの日照量だと言い、午後の三時を過ぎても「日が陰ってくるという気配がしない」と話す。

この特異な日照は、地区の地質や地形などと関係があるのだろうか。

教授と白屋地区とのつきあいは長い。地質にまつわる心配ごとの相談を区民から受け、市大の講師のころから現地に足を運んでいる。氏の肩書きの変遷からしても、大滝ダムの歳月を感じさせる。

白屋地区の人々が国土交通省を相手に国賠訴訟に挑んだ折、高田が意見書を書いたことはすでに触れた。

大滝ダムの貯水が始まったとき、広大な湖岸のなかでなぜこの土地が真っ先に悪影響を受けたのか、わからないことが多い。その証拠に、被告の国は準備書面において、「地すべり」という言葉を場所によって異なる定義で使い、混乱と矛盾をきたしていたことを、同じく意見書を書いた奥西一夫（前出）が追及していた。

「白屋の特異な地盤に専門家たちは悩まされ続けた」と高田は言う。

なるほど、近畿地方整備局は六〇年代後半から白屋地区において地すべり発生前、百三十本を超えるボーリング調査を行ってきた。通常の河川砂防技術基準によると、この地区の規模なら八十本ほどのボーリング孔数というから、白屋の地質の把握に国が逡巡していたことがわかる。

それでも奈良地裁は「地すべりは予見できた」と厳しく断じ、国は敗訴した。

「工学は、物理学とちがって答えのない学問だ。私自身も白屋地区の地盤変状をどう解釈するか、悩んでいた。しかし、中川要之助さんの説は、目からウロコだったなぁ。太古の昔、山がひとつ落ちてきた土地だというのだ。同じ川上村でも、よその地区とはまったく違う」と高田は語った。

あの白屋岳がどうかしたというのか。ニホンオオカミの遠吠えを古老が聞いたあたりだ。大滝ダムの試験湛水中に地すべりが発生した二〇〇三年の暮れに応用地質学の研究者、中川要之助が発表した論文『奈良県川上村白屋地区の地すべりと豊中—柏原断層』（同志社大学理工学研究所研究発表会報告）のキーワードは以下の通りである。

地すべり、崩落岩塊、ダム、石灰岩、活断層。

その世界に入っていくには、何十万年いや何千万年もの昔にさかのぼっていかなければならない。

中川が示す白屋地区周辺の地形解析図には、白屋岳の南方に数本の線が引かれている。これが推定断層（リニアメント）である。

大阪府の北にある、豊中—柏原断層が白屋地区の吉野川沿いを通っているという。区民の話では「推定断層の近くで岩塊がしばしば崩落する」と、中川は聞き取りをしていた。

ちょうど推定断層の北から四本目の線のあたりは、観音堂といって、地区の人々が酒を酌み交わしたお堂であった。そばのサイレン塔の北に運動場、ほどなく歩くと、伊勢参りの迎講場があった。

そのまま西に進路をとると、白屋岳の方に向かう。

六本目の線のあたりが、大滝ダムに消えた吉野川である。「ヒラッコ」と呼ばれたアマゴやウグイを、素潜りの若人たちが射止めたところだ。伏流水が岩の間から沸き出ていた。

むろん、地形解析図であるから、そうした地域文化の痕跡が描かれているわけではない。

中川論文によると、白屋地区のシンボルだった石垣の石は、いずれも角ばっている。河床の礫のように丸みのある石は見られないそうだ。このことからも、地区の斜面は段丘ではなく、背後の白屋岳の崩壊でつくられたものだ、と中川は推定する。

なぜ山は崩落したのだろうか。引き続き、中川論文をめくっていく。

断層が大台ヶ原の岩盤を破砕し、吉野川が浸食して深い谷ができた。浸食という現象が、白屋地区の特徴をなす石灰岩におよんでいく。すると、石灰岩洞が拡大していく。この現象は十万年から一万年ほど前に起きたという。

やがて、これを基底に山体が崩落する。谷をせき止め、天然のダムができる。そして決壊する。これにより、崩壊岩塊層というものが浸食されていく。その崖の上に残ったのが緩斜面で人間の暮らしがはじまる。地下水は滞留することなく、斜面は安定を保ってきたと中川は説く。

白屋地区の誕生物語はこうしてダイナミックに描かれている。たぐいまれなるその土地に、八百年の人煙の歴史が刻まれたのだった。

大滝ダム試験湛水中の地すべりについて中川はこうみる。

ダムが水を貯めて湛水したことによって、斜面の地質は再び、白屋岳が崩れてきた直後の天然のダム湖の時点の状態にもどり、地すべりが生じ始めた可能性がある。

谷の浸食が始まったのが二十万年前ごろの昔というのだから、おそろしく天文学的な数字である。

中川と面談したのは二〇一七年春のことである。国はおびただしい回数のボーリング調査をしながら、白屋地区の地すべりを予見できなかったことをどうみるか聞いた。

どうやら背景には、鉱物学という学問が科学の主流から遠ざかっていることと関係がありそうだ。すなわち、昭和三十年代から日本のエネルギー事情が輸入に転じ、鉱山を探究する分野は工学部の学科としては次第に人気がなくなってきた。

隆盛だった時代は、「地質屋」と自負した優れた研究者がたくさんいて、命がけで試掘現場などの先頭に立って岩と土を見つめてきた。

中川は言う。

「いくらボーリング調査を百何十本したところで、機器の先に人間の目がついているわけではありません」

川上村のような切り立つV字谷で巨大ダムを造りたければ、鉱山全盛の時代の地質学、鉱山学の水準に謙虚に立ち戻る必要があるのかもしれない。閉山の世相に反比例するかのように、巨大ダムは続々と国内で築造されていった。

ダムの権力が自然を恐れなかった、という確証はない。けれども、清流の集落を水没させた行為は、どこかで山村の文化を軽んじていないとできないことではないだろうか。


吉野川には水神さんがいた。

川上村武木の林業、前出の住川準典に次のような話を聞いた。

地場産品の材木で組んだ筏を操る乗夫《じょうぶ》たちは、筏に乗っているときは、決して吉野川の水面に小便をしなかったという。用を足すときは筏の上でしたそうだ。

筏流しは、岩肌がむき出しの危険な箇所も多かった。途中、落命する事故も珍しくなかった。

難所には水神や金比羅の祠がまつられた。筏師たちは安全祈願をしながら掛け声を発し、懸命に乗り切り、材木を下流に輸送した。

正月の二日は川はじめという習わしがあった。

もちや昆布、吊るし柿などを包んだ御供《ごく》を、岸辺に泊めた筏にお供えする。

妖怪もいた。

盆に吉野川の魚をとると、ガタロウ（河童）に尻を抜かれるという言い伝えがあった。

川の水を人工的にせき止めようとした行為は、昔から色々と行われている。しかし、むやみに必要以上な大きさにするという話は聞いたことがない。

過大な公共事業ではないか?といった疑問が市民の口の端にのぼる現代の治水ダムとは、そこが違う。

大和川水系では、農業用水を確保するための堰などが、古くからの河川構造物としてよく知られる。

吉野川水系の白屋地区では、赤井谷の上流をせき止めて管を敷設し、大きな水槽を設けてこれを溜めたと区史にある。

飲み水、生活用水はもとより、防火用水にもなったという。人々が開拓した小さな多目的ダムと言えそうだ。使い勝手の良さが話題になり、「村内随一」と評判をとったという。

ここ吉野川では、水量の少ない冬期に材木の筏を流しやすくする「ため堰」なども設けられていた。

住川は二〇一五年、村内の八十代から九十代のお年寄り十人に、網《あ》場と呼ばれた筏の絡み場について聞き取りをし、記録にまとめている。

吉野川の筏流しはトラックの木材輸送に代わった戦後の一九五二年ころまでは行われていた。

全国に誇る優良材、川上村の美林

昭和のはじめ、川上村から下流の下市町にかけて、筏師は三百人もいたという。

聞き取りに協力した一人に、大滝ダムの地すべりで大淀町に移転した元白屋区長の福田もいた。山から伐り出した吉野材を筏にして組む作業を「絡み」と言い、その様子を福田は語っている。

地形が急峻な白屋地区は、「修羅」という木材搬出用の滑走路を山肌に設けて材木を移動し、在所の下の方の砂場まで運び出した。そこに集材し、筏にして組んだという話だ。

いまから百年ほど前の写真を見ると、紀の川上流の吉野川の三支流が合流する地点に、鉄砲堰と呼ばれる大きな堰があった。東吉野村の小《おむら》という土地だ。おびただしい材木の筏が浮かんでいる。川を堰き止め、満水になるといかだを流す。これとて一種のダムである。地元の必要からせき止めたものだ。

写真をよく見ると、川岸にたくさんの樽丸《たるまる》が積まれている。酒樽の原料をなす側板である。吉野杉が最高であると昔から相場が決まっている。

江戸時代の後期から酒樽を製造していた株式会社樽徳商店を、京都市下京区の本社に訪ねたのは二〇一五年六月のことだ。

社長は、十年ほど前に国土交通省を去り、家業を継いだ宮本博司（一九五二年生まれ）である。河川行政一筋の人だった。五百四世帯を水没させた苫田ダム（岡山県）建設工事事務所の所長も経験した。

苫田ダムの完成式典では、最前列に赤い花章を上着の胸につけた官僚のお歴々の席があり、次の列には県庁や町村などの自治体関係者が座した。水没者や地元の人々は後ろの方に座らされていたという。

どのダムにかぎらず、国交省河川局のトップが竣工のあいさつをする際、せりふのひな型があって、固有名詞や数字を変えるだけで、どの地方でも使えるという代物だった。

沈んだ土地はみな、それぞれ違う。

宮本は言う。

「河川に大きなコンクリート構造物を造る者は、造った後、死ぬまで悩むべきである。土地の人以上の苦しみをもち、血を吐く覚悟で造るべきだ」

巨大ダムを造り、後にダムを中止する仕事に打ち込んだ宮本は、ダム官僚が「一生、心に背負うべきもの」を知っている。

下流の人々はダムを造ってくれとお願いしたのか。否。あるいは、水の受益者として感謝しているか。否。聞いたことがない。まるで関心がない。国が勝手につくって、日本全国に不幸、地獄の種をまいてきた、と宮本は振り返る。

国交省・近畿地方整備局河川部長の職にあるときは、大滝ダムの試験湛水中に地すべりに見舞われた白屋地区の仮設住宅をつぶさに見た。人々は心に傷を負っていると宮本は感じた。

代々続いた家業の酒樽づくりは吉野杉あっての産業であった。何という因縁だろう。

「京都の杉ではあかんのや。年輪の密な吉野杉の酒樽でなければ……」

吉野林業に畏敬の念を持っている。

ところで、意外な話を宮本から私は聞いた。

ダムはできるだけ造りたくない、そう考えている河川官僚の方がこのごろは多いのだそうだ。ダムの必要性を確信している官僚は国交省のなかでもわずかであるという。

ただし、事業中のダムだけはやらせてほしい、しがらみのあるダムはやりたい、と考えているのが常なのだそうだ。

読んで字のごとく、川の上流と書いて川上村と呼ぶ。

隣の大阪府にも川上村という自治体が、一九五四年まで存在していた。奈良県庁が治水ダムを計画した佐保川の上流（計画は飛鳥ダム同様、休止）にも、一八八九年まで川上村があった。いまは奈良市の一部である。読んで字のごとく、川の上流にあった。川上村は全国にあったのだ。

そういえば、大滝ダムの地すべりで橿原市に逃れた横谷圀晃、崇子夫妻方では毎年六月になると、郷土料理の柿の葉寿司をこしらえる。家の門は、解体された白屋の家屋から運び出したもので、入之波《しおのは》という山深い土地のトガの天然木でできている。もうひとつの川上村はここにもある。

昔はアユ解禁の日を「アユの口開け」と言って、家々は決まって柿の葉寿司をこしらえた。この日ばかりは、村役場も半ドンだった。川の国の風情がしのばれる。


ウサギ追いし彼の山……で始まる唱歌「ふるさと」は大嫌いだと、吐き捨てるように言った人がいた。

誰が言ったのかというと、同じ紀の川水系の源流、黒滝村で不況の林業に挑んでいる人であった。

村は、アマゴの養殖に県内で最初に成功したことでも知られる。

つつがなしや友がき。歌はそう呼びかけ、なつかしい友の消息を尋ねている。「ふるさとの友よ、元気かいと歌は語りかけている。せやけどな、つつがなくやっていかなければ、過疎の村では生きていけんやろ」

われわれ村民は、隠遁生活をしているわけでも世捨て人でもない。都市で懸命に生計を立てているあなた方と同じですよ、というわけだ。

大滝ダムでチョウザメを飼ってやろうかと豪語した男もいる。

五九年の伊勢湾台風で一時、全滅したと言われるホタルの光をよみがえらせようと、吉野川の支流で幼虫のカワニナを放流した東吉野村の庄司興五郎である。

狭戸《せばと》という奥山の土地を舞台に、カワニナの養殖を研究してきた。ほかにも絹糸のなかで最も上品とされるヤママユ蛾の幼虫の飼育を試みている。淡水魚のカジカにも注目し、いずれ新しい郷土料理にしたいと飼っていた。

林業不況の渦中にあって、村人の収入源を探していたのだ。大正九（一九二〇）年の生まれで、早稲田大学の政治経済学部を出ている。よくいえば孤高のインテリ、見方によっては、変わり者の類に入れられてしまうのは、この国の常である。

庄司は隣村のダムを山村振興の起爆剤として、吉野産のキャビアを全国の食卓に送ることができるように、チョウザメの養殖を虎視眈々と狙っていた。同じ紀の川の源流域にあって、ダム建設を免れた村である。

こうも言っていた。

「将来、うちの村にもダムの計画が持ち上がってくるかもしれんなあ。そんな日が来てくれへんことを願っとる」

チョウザメの話はどこまで本気だったのか、わからないところもある。そういう大きいことでも考えて、面白がらない限り、小さな村はダムにやられっ放しだ。

それにしても大滝ダムの工事はなかなか終わる気配がない。

庄司は晩年、下流の吉野町の老人ホームで起居していた。二〇一三年、ダムがようやく完成をみたわけで、チョウザメの夢をどうするつもりか、聞きに出掛けた。受付の応対をした職員の話では、ダムができる二年ほど前に他界していた。

村ではホタル博士とも呼ばれた。

その幼虫たちが陸上生活をしようと決めた日に、光の行列が見られると話していた。これほど見事な光はないと生前、話していた。

季節は四月の終わりごろ、ぞろぞろ、ぞろぞろと何百、何千という幼虫たちがはい上がってくる。気温は十四度前後、強い雨の降る夜が光の行列を見るチャンスだという。

川上村は、吉野川の本流こそ二つのダムにやられてしまったが、村内一円にある支流が深山幽谷の景をよく残している。

村内の宿泊施設にこのほど泊まった人が「朝食に出たアマゴの開きがものすごくうまかった！」といたく感激していた。

渓流の女王、アメノウオを開きにして行楽客にふるまうのは、いかにも川の文化だ。

村営のアマゴ養魚施設が井光《いかり》地区にある。

もとは地元の漁協がダムの補償金で造り、地区が運営するようになってから十数年が過ぎた。ヘビも食うという、どう猛なマスたちが所狭しと泳ぎまわる水槽があって、野趣がある。イワナも飼っている。釣り堀やバンガローがあり、年間二千人ほどが訪れる。

養魚の水は、井光川から引いている。あたりの紅葉は川上一と言われる。十一月にアマゴの卵をしぼる作業が行われ、新年には孵化が始まる。

井光産のアマゴが、下流の吉野町において新しい特産品の原料になっていた。

万葉の里、宮滝にある味噌醤油醸造の老舗が、独特な味覚の魚醤をあみ出した。店主の曾祖父の時代に創業したと言い、味噌醤油を製造する蔵は、築百三十年の歳月を刻む。

何より、味噌醤油を仕込む大型の桶が、吉野杉の樽丸、そのものである。

目には見えない筏に乗って、アマゴは川上村から流れ来た。

井光地区は、『古事記』に登場する土地であると聞く。集落は大滝ダム建設による水没は免れたが、過疎化は進み、地区の全人口は六十人になった。

養魚施設を運営する元区長、村議の塩谷章次（一九四五年生まれ）はこれからの地域の活性化策をこう描いている。

「ここの井光川は急な勾配です。その落差を活かし、小水力発電の施設を設ければ、確実な収益が見込めるはずです。毎秒百リットルほどの水が得られるでしょう。一日あたり二十五万円ほどの電力収入が得られると思う」

ふるさとの井光川の恵みを、そっくり大滝ダムの人造湖に流し捨てたくないという思いもあろうか。

アマゴの孵化が順調でない年は、隣の上北山村の施設から稚魚を得るそうだ。

そこは略して「かみきた」と呼ばれる。この村も巨大ダムで苦しんだ現代史があることは前に述べた。

黙々とミツマタの苗木を植えている男がいる。

濃い緑色をした針葉樹林の山肌に、黄色い愛らしい花をポッと咲かせる。見る人の気持ちがなごめばよいと、それだけの思いつきで始めた。上北山村役場出身の富山泰全（一九四〇年生まれ）である。

最初は十本の植樹でスタートした。いらい十年余をかけて千本以上を植え、毎年三月下旬から四月上旬にかけて開花する。

春の新しい代名詞になってきた。

村教育委員会に務めていたとき富山は、友好姉妹都市の生駒市と共同し、てるてる坊主の児童画コンクールを企画した。

大台ケ原のあたりは年間四千ミリの降雨量と言われ、「よぅ降るにゃぁ」というのが村人のあいさつになるほど、よく降る。

分水嶺は吉野川、北山川という豊かな河川を構成し、戦後の巨大ダム開発に熱狂する者たちをとりこにしてきた。

明日はきっと晴れ間がのぞくように。

そんな願いを込めたコンクールだった。

発明が好きで、富山はいつも歩きながら考えるタイプだ。数年前、大病をしたが、手術が成功して再起し、入院中に書いた論文が、小水力発電の開発で村を振興させる提案である。

ここでも小水力の話に花が咲いた。

険しい地形や大雨が恵みのもととなり、自然への負荷も少ない。都市の電源のために白川地区など百七十六世帯が水没し、地域文化を飲み込んだ手法とは違う。

ミツマタの花は、白い土の白屋地区にもよく咲いていた。

白屋ゆかりの地盤工学の研究者、高田直俊は次のように言った。

治水ダムは百年に一回か、五十年に一回しか使わない。こんなむだな話はありません。

（大阪府・槇尾川ダム事業評価委員会、二〇〇四年）

代わって、高田は遊水地の治水を提案し、深北緑地などを引き合いに出した。

大事なことは、ああいう緑地は百年なり五十年に一回か二回使えなくなるということです。

（同）

深北緑地——。

旧大和川の記憶を宿す深野池。豪雨になると周辺の公園は遊水地の機能を発揮する

昔はそこに大和川が流れ込んでいた。奈良県桜井市に源を発するこの川は、江戸の宝永元（一七〇四）年、治水を目的とした付け替え工事が行われたことは、つとに有名である。

現代の大和川は大阪の堺市に流れていく。付け替えられる前は柏原村（現・柏原市）のところで石川と合流し、北西へと流れ、いくつかの支川をなした。古来、はんらんを繰り返した土地だった。

この支川の流れのひとつが、深野池という巨大な湖沼に注がれていたのだ。「ふこの」と読み、いまでも大阪府大東市内のれっきとした地名である。

ふだんの深北緑地は、のどかな公園である。それが大雨になると、五十ヘクタールの洪水調節池に変身する。およそ五時間半で全域が冠水する。高田の言った遊水地の治水というのは、こういうことである。

寝屋川の左岸堤防に設けられた越流堤から雨水がやって来る。集められた水は、やがて排水門を通じて本川に流出するように設計されている。自然排水には、およそ丸一日を要すという。大阪府の事業で、正式には寝屋川治水緑地という。場所は大東市深野北および寝屋川市河北にまたがる。貯留は八十年代から始まり、八九年の豪雨のときには、推定で九十四万立方メートルを貯めたそうだ。

むろん、こういうものをどこに創るにしても用地買収などに、それなりの公費はかかるものである。

川の多自然型護岸を提唱した早世の河川官僚、関正和は書いていた。

柳で川岸を守ったり、豊かな生態系の形成を望むなら、川岸はゆったりと寝かせなければならない。だから、これまでより広い用地を買収しなければならない。そういう一見むだな土地が都市や地域のゆとりを生みだす。「無用の用」なのである。

（『大地の川』より）

寝屋川治水緑地の洪水調節池は、甲子園球場の十二倍の広さを必要とした。有効貯水量は、大阪の丸ビル十六杯分にあたり、百四十六万立方メートルである。

旧大和川ゆかりの土地なだけに、治水事業の因縁を感じさせる。

徳川幕府による大和川の付け替え工事により、深野池の池の跡、川の跡は新田になる。そこが河内木綿の一大産地として発展していくところが面白い。

隣の国、すなわち大和においては、地域資源を活かした治水は何ができるであろう。ため池や環濠を生かす方法もある。

大和川水系の奈良盆地ではいま、県や市町村の事業として、古い農業用のため池を掘り下げ、治水容量を高める工事が奨励されている。国交省の補助金がつく。工事のコストをかけずに、水利組合の協力を得て、池の水位を下げてもらうという方式もある。

およそ八十個のため池で行われ、計百二十六万立方メートルの洪水対策量を確保し（県河川課調べ）、ばかにならない。ちょうど、寝屋川治水緑地の有効貯水量をやや下まわるくらいの量である。原理は治水ダムに似せても、日照りに苦しんだ地元の必要から生まれたものである。小ぶりで地域の景色によくなじんでいる。

牛ヶ塚池、ツキトバタ池、鰻堀池、麦粉《むか》池……。洪水対策に採用された古池の、ちょっと変わった名前を眺めていると、地域固有の歴史のにおいが立ち上ってくる。

ならば紀の川流域において、こうした治水が行われていたら、あれほどおびただしい集落をダムで水没させなくてもよかったのでは……と投げかける政治家は一人もいない。

紀の川流域にも、相当な数のため池が残っている。日照り続きの農事に苦労したのは、奈良盆地の大和川流域にかぎった話ではないことがよくわかる。ことに紀の川の奈良県側は、慣行水利権によって自由に川水を利用できなかった。

ダムの地すべりで橿原市に移転、2016 年暮れに落慶した旧白屋地区の玉龍寺

『五條市史』によると、市内のため池は、段丘地形を反映して「一方堰が多い」という。ならば、雨水を貯留する治水には有利なはずである。
市史は一九八六年に刊行し、消防署の資料に基づき、主なため池を紹介している。
築四百年という五條市岡地区の大池を筆頭に、二百五十年以上が経過した池は二十個余りに上る。
市史に出てくる三十二個のため池の貯水量を、試みに足し算してみた。およそ八十万立方メートルになった。奈良盆地でやっているように、これらの池底を掘り下げ、治水容量を高めてはどうか、という提案が、大滝ダムの計画中にできればよかったと思う。

五條市の一方堰や谷池に対し、奈良盆地の多くのため池は、皿池と呼ばれている。谷池は、地形の落差を利用して容易に水を貯めるが、皿池はそうはいかない。四方を堤で囲み、揚水といって、苦労して河川から池に水を引き入れた。

大和の人々は、冬が来ると池の水を抜いて堤を乾かし、劣化を防いできた。そのときに獲れる魚類が食卓に上ることもあったという。

奈良市に住む生物学者は次のように話していた。

戦後まもないころは、奈良教育大学（同市高畑町）の近くに大きなため池があった。晩秋になると水を抜いてドジョウやウナギを収穫し、祭のごちそうにした。

行楽客でにぎわう奈良町の一角にある仏壇屋の主人も「昔はため池の淡水魚をみんなで食べて楽しんだ」と話していた。

現代版の皿池と呼べそうな治水がある。

それは大和郡山市などが奨励する家庭用の雨水貯留タンクである。市は二〇〇二年、県内の市町村としてはいち早く、これを備える市内の世帯に助成金を支給するようなった。

降る雨を貯め、それをトイレの水や庭木の散水、洗車などに使う。いうなれば治水、利水の効果をもつ小さな多目的ダムと言える。道路河川課長が提案し、施策になった。

きっかけは、導入する二年前の夏、奈良県の北部を襲った局地的豪雨により、郡山も広範な浸水に見舞われたことだった。一つひとつの器は小さくても、参加者が増えれば、効果が大きくなる。

雨水貯留タンクは、たった一人でもできる治水である。

紀の川源流の吉野川をはじめ、大和川、北山川などの流域を歩いてきた。これで取材記を終える。

## 主要参考文献

『白屋区誌』白屋区（白屋区・一九九一年）
『白屋区史 第二部―大滝ダム建造で消えた集落・白屋地区』白屋区（白屋区・二〇一二年）
『大迫ダム誌』川上村大迫ダム誌編集委員会、朝日カルチャーセンター制作（川上村・一九八三年）
『吉野川分水史』吉野川分水史編纂委員会（奈良県・一九七七年）
『川上村史 通史編』川上村史編纂委員会（川上村教育委員会・一九八九年）
『奈良県川上村大滝ダムに関する調査研究：白屋地区の大滝ダム建設に伴う地すべりを中心として』吉岡金市、和田一雄（白屋区が調査依頼・一九七四年）
『吉野・川上の源流史―伊勢湾台風が直撃した村』辻井英夫（新評論・二〇一一年）
『ふる里の味を訪ねて 奈良県吉野郡川上村から』川上村婦人団体協議会、川上村教育委員会（同村教育委員会・一九八九年）
『大滝ダム湖湛水に起因する白屋の地盤変状訴訟』高田直俊（収録『環境と正義』日本環境法律家連盟・二〇一一年）
『奈良県川上村白屋地区の地すべりと豊中―柏原断層』中川要之助（収録『同志社大学理工学研究報告』第44巻第4号別冊・二〇〇四年）
『市民防災の立場にもとづく奈良県大滝ダムのダム地すべり災害の研究』奥西一夫（収録『高木基金助成報告集』、本研究は国土問題研究会調査団による。二〇〇五年）
『筋目と用地―大滝ダムでの地元交渉』河田耕作（収録『ダム日本』No.772・二〇〇九年）
国土交通省近畿地方整備局ホームページ

# あとがき

　奈良県吉野郡上北山村の若者たちが八〇年代の後半、途絶えていた神楽を復活させようとしていた。神楽は天保年間から中央地区に伝わる民俗芸能だったが、池原ダムの建設により集落が水没し、行われなくなっていた。村外に出て行った水没者が獅子舞の講師として村に招かれ、稽古をつけていた。湖底に消えたふるさとの文化を取り戻したかったのか。戸賀の神楽といった。

　本書の舞台、川上村の隣の村にあたる。両村の境界にある伯母峰峠は、紀の川と熊野川の分水嶺をなしている。多雨地帯の大台ケ原をひかえ、いずれの村も長大なダム貯水池の底に人煙の跡が眠る。

　池原ダムの目的は京阪神の電力をまかなうことにあり、開発する理由がはっきりしていた。地元民はいらないと断った。

　おごそかに復活した神楽の笛、太鼓の音に心を動かされなかった村民はいない。二十余年ぶりによみがえった獅子の舞はどこか哀調を帯びていた。

　その後の若者たちの消息を知ろうと、当時、お囃子の太鼓を練習していた杉本徹（一九四八年生まれ）を二〇一五年に訪ねた。「北山食堂」という店を村内で営んでいたが、四年前に発生した紀伊半島大水害の風評被害をもろに受けて、客の入りが激減。どうかして再起をはかろうと橿原市に活路を見いだし、食堂の営業を再開していた。

杉本らに神楽を伝授した水没者二人は他界していた。一人は、奈良市内への移転を余儀なくされた広野勲。もう一人は、村内の代替地に移住した新谷修である。新谷は、神楽に使う獅子頭を大切に保管してきた。村人が天保年間に伊勢で購入したものだと伝わる。舞の所作は伊勢神宮の直伝という。

舞の途中に謡《うたい》が入る。

「くんだかな　どっこいしょ」

「よしのの　桜がさいたかな」

いちどはよみがえった戸賀の神楽であるが、杉本によると、数年前、完全に消滅していた。村教育委員会に確認したところ、職員は次のように話していた。

「伝承する担い手が高齢化し、十年ほど前から行事を維持することが難しくなっていました。いま全村で小学生はたった三人しかいません。中学生も十三人しかいません。さまざまな伝統行事の維持に支障をきたしています」

戸賀の神楽の伝承活動も、次第にひとり抜け、ふたり抜けしていった。

私が奈良新聞の新人記者として吉野郡に赴任したのは一九八六年のことである。

五年の間、担当した地域は郡東部の九ヶ町村だった。川上村をはじめ、同じ紀の川源流の東吉野村、黒滝村、そして吉野川の本流に沿う吉野、下市、大淀の三町、さらに熊野川流域の上北山、下北山、天川の三村である。

いまは大滝ダムの湖底に変じた吉野川沿いの国道を一二五ccのオフロードバイクに乗って取材に奔走していたのだ。

「そのうち価値が出るから、ダムに沈む村の写真をたくさん撮っておきなさい」と上司に勧められたが、どうも気が進まなかった。新人として、そんな余裕はなかったし、日ごろ取材で行き来し、ときには人情にも触れた村の中心部をすっぽり沈めてしまう計画など果たして遂行されるものか、にわかに信じがたかった。

それから二十余年の歳月を経て、「コンクリートから人へ」のスローガンを民主党が掲げて政権交代を実現させた。そのとき、ふと新人記者のときに抱いた巨大ダムの違和感を思い出した。あのときの自分の直感は、まちがいではなかったのだという気がした。

政権党の公約はほどなく挫折してしまう。「世論調査の支持率が下がるのと呼応するように、官僚は次第に情報を提供してくれなくなった」と、奈良県選出の元民主党代議士はこぼしていた。政権は再び自民党が奪い返し、ダムの権力が息を吹き返している。いちどは凍結や見直しが検討されていたダムが建設推進に向けて再浮上してきたようだ。

地方自治を舞台に面白い動きがある。

大滝ダムが完成した二〇一三年、近隣の滋賀県は、大雨による水害の危険性が高い地域において、建築規制などを義務づける全国で初めての条例（流域治水推進条例）を提案した。ダムに頼らない治水を熱心に追求していた嘉田由紀子知事（当時）が構想した。

滋賀県政のこうした取り組みについて「本気度が違う」と高く評価した今本博健・京大名誉教授（元防災研究所長）の談話を毎日新聞が報じている。

「ダムの効果は限定的で、しかも今生きている住民の命は守れない。国も昭和50年代から総合治水を検討してきたが、政治的配慮から結局ダムありきだった。明治以来の治水の流れを変える契機になる」（二〇一三年九月十日付毎日新聞）

政治的配慮とは何か。景気対策と称して大きな工事を発生させ、費用対効果の検証などは二の次になりがちな日本の公共事業を連想した。

同じ近畿にあって、巨大治水ダムの代表格である大滝ダムの半世紀を取材中、「もう流行らないテーマだ」と忠告してくれる知人は何人もいた。まちづくりに参画するある人は「長野の田中知事時代の脱ダム宣言のころならまだしも、時代の関心からずれてしまったわな」と鼻先で一蹴するのだった。

ダム問題に人々が反応を示さなくなってきた。

取材をする意味が、だからこそありそうだ。

治水ダムの効果は限定的であると、複数の河川工学者が公言してきた。それに加え、大滝ダムは試験湛水中の地すべりで三十七世帯が移転を強いられ、歴史ある集落が丸ごと消えてしまったのだ。取るに足らない話であろうはずはなく、取材は二年余りに及んだ。

滋賀県は本年六月十六日、姉川流域の米原市村居田地区を初の「浸水警戒区域」に指定した。建築規制を義務づけることにより、水害リスクに対応した安全な住まいを地区民に促す。治水の現代史を刻んだ。

この条例を解説する県のホームページにおいて、伊勢湾台風が発生したときの災害写真が効果的に使われている。このとき近江八幡市水茎町のある被災現場では、二階建の家が非難空間を確保できたのに対し、隣の平屋家屋は軒下まで水没していた。県は今後、最大規模の災害想定として、二百年に一度の確率で浸水深三メートル以上になる民家に対し、宅地かさ上げに要する工費などを助成する仕組みを検討している。

ところ変われば、伊勢湾台風の来襲イコール大滝ダム建設の道に突き進んでいくわけだ。これがもとでコミュニティに亀裂が走った地域もある。貯水池から上水道を得るようになった奈良県政は、ことのほかダム完成を絶讃する。都市の発展のためには、歴史ある山村を沈めても仕方がない、といった、希望のもてないモヤモヤした結論しか残せないのではないかと案じる。

このたびの取材では、古老に聞き取りをするのと同時に、調べてみたいことがあった。

それは、大滝ダム半世紀の工事において異常にふくれ上がった総事業費三六四〇億円分のすべての入札、随意契約の類を情報公開請求し、分析するつもりだった。

うずたかく積まれるであろう公文書を前に、世紀の無駄を手に取るように実感する場面から書き出してみようか、などとも考えていた。

ところが保存年限は十年ほどのものが多く、ダムの完成前に相当の文書が廃棄されていた。奈良の代表的な河川をつぶし、百年は居座る特殊な構造物である。未来の人々にくわしく説明する責任を国はもたなくてよいのだろうか。大滝ダムに関係する文書はすべて永年保存するくらいの気概をもって公文書の管理に努めるべきであった。

私は地すべりや地質のことは右も左もわからず、暗中模索のような取材だった。

試験湛水中に地すべりが発生し、白屋地区が消滅したことは本書の核心部である。では、近畿地方整備局が行ったやり直しの地すべり対策工事（二〇〇九年完了）は、深度何十メートルの地すべりを想定した工事だったのか、公文書を見て確認しておこうと、国の情報公開法を利用し、開示請求した。

こちらの予想では、業者に発注する際の仕様書や設計書などに「深度〇〇メートル」の文字が出てくるものと思っていた。

担当の近畿地方整備局・河川計画課から電話がかかってきた。会議資料のなかに出ているという。問題の地すべりが発生した二〇〇三年、当局が専門家を集めて開いた委員会資料のことを指していた。（委員会の名は「大滝ダム白屋地区亀裂現象対策検討委員会」、委員長は渡正亮・地すべり学会顧問）〇三年十二月に開かれた第四回委員会の資料のなかに、発生した地すべりの規模は「最大深さ約七〇メートル」と推察しているくだりがある。それで、やり直しの対策工は深度七〇メートルだったと河川計画課の職員は話していた。

何だか拍子抜けした。くだんの委員会資料なら、すでに私の手元にあった。

ダム建設が引き起こした奇異な災害として、深度七〇メートルで発生したとされる地すべりの世界を具体的に描いてみたい、そのための材料がもっとほしいといつも呻吟していた。

結局、裁判資料にもたれかかってしまう日がつづいた。消えた集落、白屋地区の人々が国相手に挑んだ訴訟は、奈良県の住民運動史を刻む取り組みと言って過言ではない。一方、裁判というのは、当然のことながら、被告の国は勝つことに躍起となる。住民側は「地すべりは予見できた。大滝ダムの設置または管理に瑕疵があった」と訴えたのに対し、国は「予見できなかった」という主張を貫くための証拠集めに奔走したことだろう。

したがって、近畿地方整備局という組織にあって、大滝ダム担当者のなかにかつて、白屋の地すべり発生を懸念していた者がいたとしても、被告となった国にとっては用のない存在であろう。

　私が奈良新聞の記者として吉野に赴任する数年前のことだ。大滝ダム工事事務所の課長が地すべり対策工事に苦慮している状況を、つぶさに論文のなかで書いていた。最近知った。

　一九七九年にさかのぼるが、調査設計第二課の板垣治という課長が「今後ますます地質の悪い所でダム建設がしいられることが予想される」と愚直に執筆している（『ダム湛水の影響する破砕帯地すべり地の斜面安定について一考察』収録『地すべり』第16巻第3号、一九八〇年発行）。

　もっと早く知っていたら、氏の消息を訪ね、本書の前半に登場した人物であろう。

　氏の論考をひもとけば、大滝ダムにまつわるキーワードとして、中央構造線および御荷鉾構造線、そして断層や褶曲構造、地下深部の破砕、粘土化、ダム貯水による地質の影響…などを挙げることができる。

　川上村で懸念される地すべりや土石流の発生などをめぐり、体系づけられた文献などはなかったという。「現場ではその対策に非常に苦慮している」と胸の内をつづっていた。

　同村白屋地区は、地すべりを起こしやすい地質的な要素をもっていると、早くから専門家らが指摘していた。課長の板垣がこの論文を書き上げた前年、建設省が開いた「奈良県ダム地質調査委員会」が最終報告を出している。層圧七〇メートルの地すべりが懸念されていた。しかし追加のボーリング調査の結果をはじめ、横坑といって、人一人入れる程度のトンネルを掘って、ボーリングだけでは難しい地質の把握を肉眼で行った結果、「この深い岩盤内でのすべりはあるまい」と委員会は判断していた。

くだんの論文を書いた課長は、ほどなく日本道路公団本社に異動になった。そのころ近畿地方建設局は具体的な地すべり対策工の検討に入り、「白屋地区では施工深さが四〇メートルほどになる」と、ある意味、楽観的な予想が専門家委員会（「大滝ダム地すべり対策委員会」一九八〇年）においてなされていた。

何の事実をもってこれで安全という確証を得たのだろうか。立ち止まることなく突き進んでいく組織風土のようなものが垣間見える。

白屋地区の人々が国を相手取り起こした訴訟において、奥西一夫・京大名誉教授が国を批判した意見書のなかに、ドラマを見るように面白く描かれているくだりがある。

ダム本体のコンクリート打設がはじまってから二年を経た一九九八年、地質調査を請け負ったコンサルタント会社、日本工営の報告により、七〇メートル級の深度の地すべりを想定しなければならないことが判明していた。

このとき近畿地建は進退窮まった、という推察が奥西意見書のなかにある。深度七〇メートル級の広大な地すべり対策を行うことは、当時の事業費増額などから見て、予算面においても技術的にも困難であると当局は予測しただろうと氏は考える。

ならば大滝ダムを中止する検討がなされたのか。いうまでもなく答えは否である。したがって日本工営の報告書は棚上げされたような格好で、その翌年、近畿地方建設局はコンサルを変え、別の社にもう一度地質調査をさせ、都合のよい結果を得たというのだ。本体の工事が着々と進んでいくなか、「ダム中止」を口にすることはタブーだったらしい。

奈良地裁は二〇一〇年、「地すべりは予見できた」とする画期的な判決を下し、本書前半のヤマ場をなす。国交省は高裁においても、原告の旧村民らとの間で和解する気配はなく、あくまで「地すべりは予見できなかった」として、一審の主張を少しも曲げなかった。

なぜ国は最高裁への上告を断念したのだろう。ときの民主党政権、江田五月法相の正式な決定が下る前に、当の近畿地方整備局において、上告するか否かについて検討した会議の記録などは残っていないかと私は考えた。

そこで例によって情報公開請求をしたところ、「そんなものはない」というのが近畿地方整備局の回答であった。唯一、該当する公文書として示されたのは、黒塗りだらけの「上訴求指示」（法務省文書）であった。

大阪法務局の民事訴務課が作成した上訴検討メモは真っ黒。そして一番知りたい、上告するか否かについての近畿地方整備局長の意見書（同法務局長あて）が黒塗りにされて判読できないことにはがっかりした。

いくら市民参加の川づくりなどといったところで、肝心かなめの場面では、住民はカヤの外である。

大滝ダム下流の吉野川のまち、奈良県五條市に住む県議、秋本登志嗣（同市漁協組合長）を訪ねたのは二〇一七年四月のことである。

本書の第5話に登場し、大滝ダム完成後に発生した五條市内の浸水を追及した人物だ。ダム下流の吉野川支流、丹生川に想定外の増水があったのでは…という示唆は重要である。県議会における当人の質疑を文中で活用しており、じかに会いに行って話を聞いた。

氏は自民党地方組織の重鎮として県会議長の経験もある。いわば大滝ダムを推進した一群のなかにいる。

巨大ダムが水を貯めてみると、ふるさと吉野川の環境が悪くなってしまったとその目で実感していた。

「川の水量が減ってアユのえさになる藻が腐りやすくなった。アユがやせて小さくなった。おとりのアユと縄張り争いをする元気のないやつもいる。洪水そのものは決して悪いものではない。石と石がぶつかり合い、削り合って苔を新しくする。ダムは砂ばかり流れてくる。ダムの選択取水や環境維持放流では解決できない問題だと思う。改善するには土砂バイパストンネルを施工するしかないだろう。私の郷里、十津川村の旭ダム（発電）が先例である」

そして、こうもいう。

「かんがいの大迫ダムの水は余っているのだから、（奈良盆地の農地に送る）吉野川分水の量を減らし、アユの生育のためにも五條の吉野川へ流してほしい。かんがいの送水量は法定で決まっているというが、こんな四角四面な話はない」

やはりそうだった。「奈良県三百年の悲願」などと県庁はいつまでも吉野川分水の偉業を伝えているが、しょせん国家のダムありきの内輪話ではないのかと感じられる。

これからは大滝ダムの県営水道についてもさらにゆとりが出てこよう。地すべり対策の多額な追加工事も含め、小さな奈良県がこのダムのおかげで六百億円余も負担するくらいなら、自前のダムを造った方が早いと嘆いた土木研究者がいる。

川上村の吉野川をつぶして切り立つ大滝、大迫の二大ダムえん堤。別々の官庁が主目的の異なるダムをそれぞれ造って、農林省と建設省は縄張り争いをしているのかと、何十年も前に村民は案じていた。

五條でも和歌山でもよいが、大滝ダムの下流にある土地において、防災の恩人として近畿地方整備局長の銅像は建つであろうか。

なぜ唐突にこんな話をするのかというと、八十年ほど前に行われた高田川の付け替え工事に尽力した中川吉造博士の顕彰碑がこのほど、市民グループの手によって建てられたからである。地元の人々にとって、真に必要な公共事業であった証しといえるのではないか。

舞台は奈良県大和高田市。車の往来が多い駅前の県道はS字形に蛇行している。戦前は高田川というれっきとした河川だったことの名残である。度重なる洪水被害が出て、昭和7年に付け替えの工事が行なわれた。川は西に移動し、元の川は道路になった。十一年がかりの大土木事業に助力を惜しまなかった人物が旧内務省の技監、中川吉造である。

防災につながり、いまも市民の間で語り草の治水工事である。博士の顕彰碑は二〇一五年、専立寺の境内にお目見えした。寺内町の風情がただよう街であり、博士はこのあたりで生まれたそうだ。

天神橋筋という名の商店街は、旧高田川にかかっていた天神橋をはさんで東西に位置する。欄干が残っている。付け替え後の新しい高田川の土手は毎春、見事なサクラが開花する。

元禄の大和川付け替え大工事の恩人、中甚兵衛の像は平成元年（一九八九年）、こちらも民間団体の手により大阪府柏原市内に建立された。

度重なる洪水被害に苦しむ河内国河内郡今米村（現、東大阪市）の庄屋、中甚兵衛（一六三九—一七三〇）が五十年にわたり、治水計画を幕府に請願したことは、地元で知らない者はいない。

新しい大和川がやって来て、失われてしまった田畑は二五七ヘクタールにのぼる。現代のダムに沈む村に通じる悲哀があったか。堺、住之江に流れ込んできた人造の河川のサイズは、大滝ダムの長大な帯のような貯水池の面積（二・五一平方キロメートル）になぜか近い。

迷惑だから付け替えをやめてくれと嘆願した住吉郡、丹北郡、志紀郡の人々は、先祖伝来の土地が川底に沈められる憤怒を抱いたばかりでなく、水害や水不足などを心配したという。良港のほまれが高かった堺の港は、大和川がもたらす土砂に埋められ、港の位置を何度も変更せざるを得ず、堺衰退の一因になったそうだ。『大和川付け替え三〇〇周年記念　大和川　その永遠の流れ』（柏原市立歴史資料館発行）に描かれている。

幕府は一七〇四年、大和川の付け替え工事に着手した。わずか八ヶ月で完工し、旧河川の流域で開発された新田は千ヘクタール余り。有力な町人や地元の庄屋らが新田を開発し、地代金の収入として幕府に三万七千両もの金が入った。「付け替え工事に要した費用はほとんど回収された」と同歴史資料館は伝える。工費はいまの金で換算すると百五十億円ほどらしい。

中甚兵衛は現代にも生きて、市民団体が二〇一四年、漫画『中甚兵衛物語～大和川の流れをかえた男』（画・智多とも、発行・NPO法人地域情報支援ネットなど）を刊行する。

美談仕立ての筋書きで甚兵衛の生涯をたどるのではなく、自分のやってきたことが果たして正しかったのかどうか、甚兵衛は逡巡して物語が終わる。新しい河川がやって来た堺市などで、洪水被害が多発するのである。

甚兵衛の耳に聞こえたきたのは、かつての旧大和川水系の大洪水で命を落とした幼なじみ、喜助少年の声だった。

「そんなん　未来の人間に聞かな　わからんやろ」

ダムの権力によって建てられた展示館が奈良県吉野郡川上村にある。「大滝ダム学べる防災ステーション」という。展示物を眺めていくと、紀の川の治水は巨大ダムを築造することが最善の策であり、山里が犠牲になるのはやむおえない、と読み解くことができよう。そこには行政の無謬神話が宿るか。

本書の刊行が近づいてきた今年の初夏、文中の表記のなかに再確認したい箇所があり、また大滝ダムに向かった。休日の昼間ということで、ドライブの途中だろうか、ダムを見物している数人がいた。行楽客とおぼしき年輩の男性がえん堤のはす向かいの方を指さして同行者に言った。

「あれっ…あんな高台に家を建てているのだね」

別荘か何かに見えたのだろう。かつて大滝ダムの骨材生産施設があったところで、ダムが引き起こした地すべりによって郷里を追われた旧白屋地区の十二世帯が住んでいる。

そそり立つえん堤のそばには「大滝ダムの歩み」というパネル展示がなされている。自慢の貯水池横断橋、白屋橋の写真をかかげている。二〇〇三年、この土地にふりかかった出来事については「白屋地区に亀裂が確認され、試験湛水を中断」とあるのみだ。人々が味わった心労や吐息は出てこない。

■著者紹介
浅野 詠子（あさの・えいこ）
1959年神奈川県生まれ。青山学院大学経営学部卒。
奈良新聞記者を経てフリージャーナリスト。
著書に『ルポ刑期なき収容　医療観察法という社会防衛体制』（現代書館）、『奈良の平日　誰も知らない深いまち』（講談社）、『情報公開ですすめる自治体改革〜取材ノートが明かす活用術』（自治体研究社）など。近作のルポに「疑惑を棚上げし土地開発公社が解散〜自治体の用地先行取得制度を濫用した者たち」（収録『自治研なら』119号）

装幀◎澤口　環

ダムと民《たみ》の五十年抗争　紀ノ川源流村取材記

2017年8月12日　第1刷発行
（定価はカバーに表示してあります）

著　者　　浅野　詠子
発行者　　山口　章

発行所　名古屋市中区大須1丁目16-29
振替 00880-5-5616 電話 052-218-7808
http://www.fubaisha.com/
風媒社

乱丁・落丁本はお取り替えいたします。
＊印刷・製本／モリモト印刷
ISBN978-4-8331-1121-8